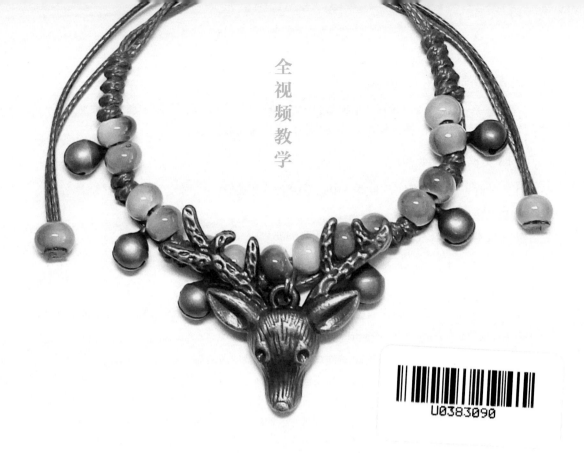

全视频教学

一本时尚手链编织实战笔记

时尚 手链编织 **128** 例

编绳 + 串珠 + 结艺一本通

凤舞工坊 榛果 / 编著

人民邮电出版社

北京

图书在版编目（CIP）数据

时尚手链编织128例：编绳+串珠+结艺一本通：全视频教学 / 凤舞工坊，榛果编著. -- 北京 ：人民邮电出版社，2018.11

ISBN 978-7-115-49407-8

Ⅰ. ①时… Ⅱ. ①凤… ②榛… Ⅲ. ①绳结-手工艺品-制作 Ⅳ. ①TS935.5

中国版本图书馆CIP数据核字(2018)第215806号

内 容 提 要

本书分为 4 篇、128 个案例，书中的案例丰富，并配有带语音讲解的演示视频，扫码即可观看，时间长达 300 多分钟（5 个多小时），大家可以边看边学。

书中的 4 篇分别为：新手入门篇、编绳篇、串珠篇以及中国结篇。入门篇详细地讲解了常用材料的使用方法和基础的编绳方法；编绳篇主要是运用不同材质的绳子与多种配饰搭配，组合出惊艳的作品；串珠篇精选当下流行的材料，如草莓晶、黑曜石、月光石等来做手链，还介绍了木质珠子的穿法，教你穿出出色的串珠；中国结篇专门讲解中国结的编织方法，精选古老的结艺造型，带你体验传统文化的瑰丽。

本书适合初、中级手工爱好者，尤其适合作为相关行业中小型企业的技能培训教材。

◆ 编　著　凤舞工坊　榛 果

　　责任编辑　王雅倩

　　责任印制　陈　犇

◆ 人民邮电出版社出版发行　　北京市丰台区成寿寺路 11 号

　　邮编　100164　　电子邮件　315@ptpress.com.cn

　　网址　https://www.ptpress.com.cn

　　涿州市殷润文化传播有限公司印刷

◆ 开本：787×1092　1/20

　　印张：11.4　　　　　　　　　2018 年 11 月第 1 版

　　字数：242 千字　　　　　　　2025 年 4 月河北第 28 次印刷

定价：49.80 元

读者服务热线：(010)81055296　印装质量热线：(010)81055316
反盗版热线：(010)81055315

前言
INTRODUCTION

● 写作动力

　　市面上也有很多五彩斑斓的手工艺品，而饰品是其中一个重要的分类。越来越多的人喜欢手工饰品是因为它完全由手工制成，包含了制作者的心意，所以手工饰品有了更多的含义。亲手制作出来的手工饰品，既可以作为礼物送给自己，也可以送给他人。

　　在众多经常会使用的饰品类型中，笔者选择了以手链为主来展示手工饰品的制作。市面上也有不少关于手工饰品的教程类书籍，但是大多都是以编绳或者串珠单项为主。笔者认为，既然是手工饰品，那么其中一定存在着很多的相通之处，所以编写了本书，将编绳、串珠与中国结融合在一起。

　　笔者经过多次调研，收集资料，精选出了128个实例，为读者展示多种风格手链的制作方法。在编织时，大家也不一定拘泥于书中所列出的材料，可以自由替换相同性质的材料。希望大家阅读本书后可以举一反三，制作出专属于自己的手链。

　　本书详细介绍了案例中使用的材料，并且写出了参考的成本与售价，方便大家对手链价值有一个大概的了解。所有的案例手链都是笔者经过深度调研后选取的，符合大众的审美观，希望读者朋友们可以制作出自己心仪的手链。

特色亮点

本书与同类书相比，有以下几个特色亮点。

（1）三大技法，全面讲解

本书包含编绳、串珠、结艺三大技法，花1本书的钱买3方面的内容！

（2）共128例，全程图解

本书共128例，详细介绍了各种工具与配件的多种使用方法，细致讲解了编绳、串珠与结艺的多种技法，步步图解，清晰明了。并且所有饰品案例都经过精心挑选，紧跟当下潮流。

（3）深度调研，精选案例

128个案例都是笔者经过实地考察，并对各类饰品销售网站进行调研后精选出来的，符合大众的审美需求。调研图片如下。

¥139.90 包邮　　　9468人收货

S925银本命年红绳手链女士肖属狗个性简约送女友小狗幸运手链

¥19.00 包邮　　　2197人收货

包邮金丝檀木手串金丝楠木沉香乌木阴沉木108佛珠男女士情侣手链

¥65.00 包邮　　　5923人收货

招桃花草莓晶水晶手工手链银管手镯镯子S925纯银手链清新配饰女款

（4）演示视频，全程实拍

本书所有实例均有实拍视频，一步步教你学，再难也不怕！

（5）手工达人，倾心解密

有着十多年实战经验的手工编织达人，倾心解密绳结技法！

（6）原创精品，资源共享

128个案例都是笔者亲手选购材料、亲手制作，并拍摄视频。这无疑是一本技能满满的手工原创实战笔记。

本书由凤舞工坊的榛果编著，还有胡杨等人参与编写，在此表示感谢。书中难免有错误和疏漏之处，恳请广大读者批评、指正。

目录
CONTENTS

❖ 新手入门篇 ❖

第 **2** 章　基础的结法——不可不知的基础技法 29

✿ 编绳篇 ✿

第 6 章
巧用珠子——多彩珠子的点睛之美 98

❖ 串珠篇 ❖

❋ 中国结篇 ❋

新手入
门篇

材料与工具
——材料、工具的使用方法

在编织手链时，会用到多种材料，其中最主要的是线材和珠子。可用来编织手链的线材有很多，如中国结线、玉线、蜡线、股线、皮绳、麻绳等，每种线材都有不同的质感与特色。珠子的种类就更多了，玉石珠主要有黑曜石、玛瑙、玉髓、青金石、蜜蜡等，其他的珠子还有陶瓷珠、木珠、果实珠等。珠子颜色有鲜艳靓丽的，也有低沉暗雅的，它们有着比线材更夺目的魅力。但是珠子也需要搭配线材来使用，才能成为一条完整的手链。

001 弹力线

扁形和圆形弹力线：扁形和圆形弹力线外表顺滑，有光泽，并且有弹性，主要是由多根氨纶丝粘在一起制作而成的，不可烧线头。一般串珠常用的是扁形弹力线，它光滑的特性使得在穿珠时节约很多力气。使用弹力线串珠制作而成的手链不用再制作链扣，可以直接佩戴。但弹力线摩擦久了会起毛丝。

包芯弹力线：包芯弹力线中间是橡胶白芯，外表则包裹了一层涤纶编织线，表面比较光滑，有弹性，不可烧线头。如果被物体勾住会起毛边，线头处的包裹编织线比较容易散开。适合制作各类木珠和果实珠手串。

002 蜡线

韩国蜡线：韩国蜡线外表光滑，颜色丰富亮丽，无弹性，由多根涤纶纤维编织而成，火烧会变成液态。可以将较粗的蜡线直接做成手链，也可以用多根较细的蜡线编织后做成手链，常用的蜡线直径尺寸为0.5~6毫米。

国产蜡线：国产蜡线表面略粗糙，颜色相较于韩国蜡线要暗沉一点，由多股染色后的棉纱缠绕、上蜡而成。可以做出带有森系风格的手链和项链。

003 其他线

编织牛皮绳与绒皮绳：编织牛皮绳分油边和露边，油边的编织牛皮绳整条绳子都是一个颜色，露边的则会有牛皮本身的色彩与编织纹理。绒皮绳的颜色相对暗一点，外表无光泽，会存在掉色现象，可以做出带有森系风格的手链和项链。皮绳都是无弹性的绳子，颜色丰富，具有较强的韧性。

玉线：玉线外表较光滑，且有光泽，颜色丰富亮丽，无弹性，由锦纶纱编织而成，火烧会变成液态。常用的玉线有：71号玉线（直径约0.4毫米）、72号玉线（直径约0.8毫米）、A玉线（直径约1毫米）、B玉线等（直径约1.2毫米）。玉线被物体勾住会起毛边，如果不烧线头就会散开。常用于搭配玉石珠子来编织手链、项链等饰物。

中国结线：中国结线外表光滑，有着丝质的光泽，颜色鲜艳亮丽，无弹性，主要材质为棉和尼龙，火烧会变成液态。常用的中国结线有4号（直径约4毫米）、5号（直径约2.5毫米）、6号线（直径约2毫米）等。中国结线专门用来编织各种中国结，编织出的结体颜色亮丽、美观，也可以用来编织手链或者作为手链的芯线。

004 玉石珠

 黑曜石： 是一种常见的黑色宝石，又称"龙晶""十胜石"。人们经常将黑曜石制作成饰物与摆件，佩戴于身上或摆放在家中。

 水晶： 是一种石英结晶体，呈无色透明状，当含有微量元素时，会呈现出粉色、紫色、黄色、绿色、茶色等不同的颜色。水晶晶莹剔透，深受大众的喜爱。

 草莓晶： 是一种幽灵系水晶，外观比较像草莓的色彩，内部的沉淀物又像草莓上的果籽，因此得名草莓晶。草莓晶象征美满的爱情。

 玉髓： 与玛瑙属于同一种矿物，玛瑙有条带状的花纹，而玉髓的颜色则是均匀的。玉髓的颜色丰富多彩，主要有红色、蓝色、绿色、黄色、黑色等。

 月光石： 被光照射后会产生恍若月光的幽蓝或亮白的晕彩，因此得名月光石。月光石象征着纯净、幸福、浪漫的爱情，所以也称之为"恋人之石"。

 玛瑙： 有着多种颜色的带状条纹，细腻无杂质，呈透明或半透明的多层状。

005 其他珠

木珠与果实珠： 木珠与果实珠常被做成手串，经人盘玩，久而久之会形成包浆，外表会呈现出一种自然的光泽。

镶钻金属球与水钻： 金属具有独特的光泽，而水钻则晶莹剔透，结合这两种材料，会使手链更加夺目。

琉璃珠与陶瓷珠： 琉璃珠与陶瓷珠都是手工制作而成的，琉璃的颜色鲜艳动人，陶瓷珠的颜色柔和清新。

006 工具配件总览

　　在编织手链时，如果只有线材与珠子，虽然编出来的手链也不错，但是看久了也会审美疲劳，因此可以运用各种配件使手链更具特色。有一些配件需要用到不同的工具来使编织和串珠变得更得心应手。下面简单介绍一下工具与配件。

工具

尖嘴钳：尖嘴钳的主要功能是夹合、掰弯或夹断金属，也可以夹出一些细小东西。

剪刀：剪刀可以剪断各种线材，也可以用来剪断比较细的钢丝（直径0.5毫米以内）。

皮尺：皮尺可以测量出各种线材的长度，也可以量圆形物体的周长，并且能够折叠，方便收纳。

打火机：打火机可以用来烧线头，防止线材散开。

串珠钢丝：串珠钢丝主要用于穿珠子，将线引入珠子的孔道。

镊子：镊子可以精准地夹住一样东西，也可以辅助编织、调整结体。

珠针：在编织复杂的结体时，可以使用珠针，配合垫板来固定线圈。

垫板：配合珠针一起使用，也可以用泡沫板、硬海绵代替。

钩针：钩针的主要功能是引线，三通钩针的主要作用是穿三通珠。

基础配件

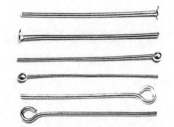

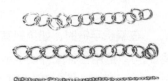

连接圈： 连接圈也叫开口圈，它的作用是使各种配件连接在一起，组合成一条完整的手链。

T针与9针： 将T针穿上珠子并将T针的末端弯曲成圈，可使珠子成为一个吊坠；9针则能使珠子成为双头吊坠，用于连接多颗珠子。

链条： 链条的作用是连接配件，通常直径为4毫米，长度为4厘米的链条被作为延长链。

龙虾扣与弹簧扣： 龙虾扣与弹簧扣作用相同，扣住延长链末端使手链闭合，需配合连接圈使用。

马夹扣与夹片： 马夹扣与夹片的作用相同，都是用来夹住线头，使线材可以连接其他的配件。

砝码扣与吊桶扣： 对于一些圆形、比较粗的绳子，可以使用砝码扣或吊桶扣，需配合胶水使用。

其他配件

直通配件： 直通配件一般是圆形的合金，也有算盘形的。串珠时可作为隔珠使用，孔一般比较大，容易穿线，价格也比较便宜。

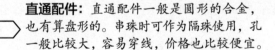

金银配件： 金银配件一般指纯金路路通和925银等配件，价格比较高。

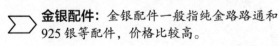

异形配件： 异形配件一般是合金，也有一些是925银。异形配件有着多种形态，相较直通配件更加美观，但是孔比较小。

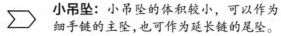

小吊坠: 小吊坠的体积较小,可以作为细手链的主坠,也可作为延长链的尾坠。

金属环: 金属环通常为几何形状,一般圆环的两侧有孔,中间可放珠子。

吊坠: 吊坠的大小一般在8毫米以上,一般作为手链主坠。

滴油配件与弯管: 滴油配件颜色非常鲜艳,是很好的主坠;弯管分为雕花与不雕花,一般雕花弯管会比较粗。

007 尖嘴钳的使用方法

在制作手链时,一把圆头的尖嘴钳是必不可少的,但是要注意尽量减少使用尖嘴钳夹配件的次数,夹多了以后会留下夹痕。

使 用 方 法

❶ 当需要调整比较复杂的结体时,可以使用尖嘴钳辅助。

❷ 找到需要缩短的那根线,用尖嘴钳夹住并拉扯出来即可。

❶ 当要使用的T针或9针意外弯折时,可使用尖嘴钳夹直。

❷ 用尖嘴钳夹住T针或9针弯曲的中心位置。

❸ 将尖嘴钳向反方向弯折,T针或9针即可变直。

008 皮尺的使用方法

在制作手链时，拥有一条皮尺，可以更加方便地测量线材与结体的长度。

使用方法

❶ 在制作手链时，一定要先测量手腕的长度，用皮尺多测量几次，算出平均数，这样会更准确。

❷ 在制作手链时，可以使用皮尺来测量线的长度与已编织结体的长度。

009 打火机的使用方法

在编织完手链时，可以用打火机烧线头，防止线头散开。还可以将烧过的线头作为1个堵口，防止绳子末端的珠子掉落。烧线头时不要靠太近，小心烧到自己的头发。

使用方法

❶ 选择需要烧的线头，用打火机中间的蓝色火焰来烧线头。

❷ 当线头熔化后，移开打火机即可完成。

❶ 穿入珠子时，若觉得编结后线头太大，可使用打火机烧线头。

❷ 当需要线头作为一个堵口时，可以适当地多烧一会儿线头。

❸ 烧完后，立即将线头按压在桌子上，即可形成堵口。

010 串珠钢丝的使用方法

串珠钢丝是穿珠子的工具。直径在0.2~1毫米,直径越小的钢丝越容易断,一般使用直径为0.5毫米的钢丝作为串珠钢丝。对折串珠钢丝时,两端的长度尽量不要一样,这样穿珠子会比较方便。

使用方法

❶ 选择一根直径为0.3毫米的细钢丝与一根玉线。

❷ 燃烧玉线的线头,并将细钢丝穿过玉线。

❸ 将细钢丝对折,包住烧完的线头。

❹ 在串珠钢丝上穿上一颗珠子。

❺ 适当用力,将珠子推至线上即可完成。

❶ 将串珠钢丝对折,并穿过弹力线的线圈。

❷ 将珠子从串珠钢丝的左侧穿上,并移至右侧。

❸ 适当用力,将珠子推至线上即可完成。

❶ 将一个大孔的结体或金属配件穿到串珠针上。

❷ 将线穿入串珠针末端的孔。

❸ 将大孔的结体或金属配件推至线上即可完成。

011 镊子的使用方法

　　镊子有着两个长长的尖嘴，可以从一堆物体中精准地夹出自己需要的东西，也可以从较小的空间（结体空隙、珠子孔道）中夹出线头。

使 用 方 法

用镊子可以从一堆的珠子中夹出自己需要的那颗。

在编织较复杂的结体时，用镊子会比用手更加方便。

012 珠针的使用方法

　　编织结体时经常会产生多个线圈，无法全部用手按住，此时可以使用珠针，珠针配合垫板，可以很好地固定住线圈。

使 用 方 法

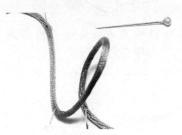

❶ 在编织结体时，若会产生多个线圈，就可以使用珠针来固定。

❷ 选择一个线圈，用珠针插入绳子，再插入垫板中即可固定线圈。

013 连接圈的使用方法

连接圈的使用范围较广，很多配件都需要连接圈来连接。连接圈的常见直径尺寸为2~10毫米，制作手链时一般使用直径为5毫米的连接圈。

使用方法

❶ 用手拿住连接圈接口的左侧，用尖嘴钳夹住接口右侧。

❷ 手与尖嘴钳反向用力，打开连接圈的接口。

❸ 将需要连接的配件从接口处穿入（此处选择了一个吊坠）。

❹ 用尖嘴钳夹合连接圈的接口。

❺ 适当调整接口，使其变成一个圆圈，即可完成连接。

014 T针的使用方法

T针的作用是穿过物体（如珠子）的孔道，并用尖嘴钳将T针末端弯曲成圈（包括9字圈与水滴圈），使物体成为一个吊坠。

使用方法

❶ 选择一根T针与一颗珠子。

❷ 将T针穿过珠子。

❸ 用尖嘴钳夹住T针的末端，越靠尖嘴钳顶端，夹出来的圈越小。

❹ 朝一个方向旋转尖嘴钳，即可夹出一个9字圈。

❺ 为了使9字圈更加美观，可以用尖嘴钳夹住T针的接口。

❻ 向另一侧弯折，使9字圈更加符合视觉审美。

❶ 除了9字圈，还可以将T
针夹成水滴圈。将T针穿
入珠子，用尖嘴钳夹住T
针四分之一的位置。

❷ 朝一个方向旋转尖嘴钳，
即可夹出一个水滴圈。

❸ 若珠子的孔径太大，T针将
会从孔道中直接穿过。

❹ 此时可以在穿珠子前穿入
一个花托，即可保证珠子
不会掉落。

＊ T针的顶端不仅有扁圆形，
还有圆头形，但其用法是一
致的。

015 9针的使用方法

9针的作用是连接配件，将9针末端夹弯成圈，两端皆是9字圈，而中间的针则可以穿入珠
子或者用尖嘴钳夹出多种形状，使其更具特色。

使 用 方 法

❶ 将9针穿上一颗珠子。

❷ 用尖嘴钳夹住9针的末端。

❸ 朝一个方向旋转尖嘴钳，
即可夹出一个9字圈，适当
调整接口处。

❹ 注意保持两个9针平行或
者垂直才美观。

❺ 稍微将9字圈打开一点，
即可连接其他配件。

链条的使用方法

　　链条有粗有细，也有许多种类之分，如十字链、蛇骨链、瓜子链等，它们都是由多个环或者细小的金属连接而成，可以适当弯折。

使 用 方 法

❶ 在制作链扣时一定会使用到　　❷ 为了使手链更加美观，延
　延长链，延长链可以使手链　　　长链的末端可以连接不同
　适合于不同粗细的手腕。　　　　的吊坠或者珠子。

龙虾扣的使用方法

　　龙虾扣和弹簧扣的作用是一样的，龙虾扣使用较为普遍，但是弹簧扣更小、更美观一些，弹簧扣一般是在制作比较细的手链时使用。

使 用 方 法

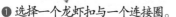

❶ 选择一个龙虾扣与一个连接圈。　❷ 将连接圈穿过龙虾扣。　　❸ 将连接圈连接在手链配件
　　　　　　　　　　　　　　　　　　　　　　　　　　　　　的一端，即可完成龙虾扣
　　　　　　　　　　　　　　　　　　　　　　　　　　　　　的连接。

* 弹簧扣的使用方法与龙虾扣一致，使用连接圈将弹簧扣连接在
　手链配件的一端即可。

马夹扣的使用方法

　　马夹扣与夹片等配件的作用是一致的，用马夹扣夹住绳子或者链条的末端，使其可以连接其他的配件。

使用方法

❶ 选择相应的绳子与一个大小合适的马夹扣。

❷ 将马夹扣套在绳子的一端，并用拇指与食指按压、捏紧马夹扣。

❸ 用尖嘴钳适当夹合马夹扣的接口，使其夹得更紧。

❹ 另一侧同样也需要用尖嘴钳适当夹合。

❺ 夹合好，马夹扣就固定在绳子的线头处了。

019 吊桶扣的使用方法

　　吊桶扣与砝码扣类似，区别只在用于连接的孔是在扣子侧面还是在扣子顶端。它们都需要配合胶水一起使用，才能粘在绳子上。

使用方法

❶ 用一个连接圈将吊桶扣与龙虾扣连接起来。

❷ 绳子的线头烧过后，可以使线更容易插入吊桶扣的孔中。

❸ 将胶水挤入吊桶扣的内侧。

❹ 迅速将绳子插入吊桶扣，待胶水干透即可。

❺ 砝码扣的使用方法与吊桶扣一致。

基础的结法
——不可不知的基础技法

本章节主要讲述，编织手链的各种基础结法，这些结法是编手链时经常会用到的。将这些结法灵活地组合起来，再添加适当的配件，就能变成一条美丽的手链。

020 编绳术语

在编织绳结的教程中，会出现很多的相关动作与名称。在编织之前，先要了解这些动作与名称，才可以更好地进行编织。

挑与压

挑指的是一根线从另一根线的下方穿过去；压指的是一根线从另一根线的上方穿过去。

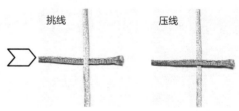

挑线　　　　　压线

旋转绕圈

旋转绕圈分为顺时针绕圈（向左）与逆时针绕圈（向右），顺时针绕圈一般会产生"压"的动作，逆时针绕圈则会产生"挑"的动作，不过偶尔也会出现相反的情况。

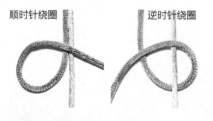

顺时针绕圈　　　逆时针绕圈

线圈与耳翼

绳子绕某样东西旋转时会产生线圈（后面编织时为了方便展示绳结，一般是直接旋转绕圈），手松开线圈时线圈容易散开。已经编织好的结体（如吉祥结）侧边的线圈称为耳翼，手松开后耳翼不会散开。

线圈　　　　　耳翼

穿线与翻转

穿线指的是一根线从一个线圈中间穿过去；翻转指的是将线圈或整个结体翻转180度。

穿线　　　　翻转

021 **二股辫**

难易度 ★☆☆☆☆

二股辫的制作方法非常简单，常用于编织手链、项链和腰带等饰物。除了下述方法，还可以用食指与大拇指捏住两根线同时朝一个方向搓，也可以编出二股辫。

制 作 方 法

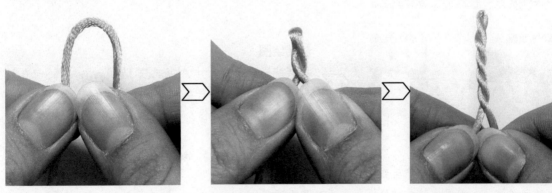

❶ 一根线对折，分别用拇指与食指按住两端的线。

❷ 按住线的同时，将两根线朝同一方向搓动，绳子即可自动扭转成麻花状。

❸ 拉直已扭转的绳子，重复步骤2的操作，即可编织出一条二股辫。

022 三股辫

三股辫就是大家平常所说的麻花辫，主要是将左右两侧的线交叉编织而成。编织三股辫的窍门就是，不断地将处于侧边最后面的线压在中间的线上。

难易度 ★ ☆ ☆ ☆ ☆

制 作 方 法

❶ 3根线并排，打结，固定住上方的线头。

❷ 将右侧黄线压在中间的绿线上。

❸ 将左侧蓝线压在中间的黄线上。

❹ 将右侧绿线压在中间的蓝线上。

❺ 将左侧黄线压在中间的绿线上。

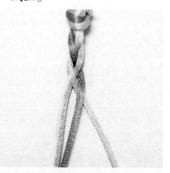

❻ 重复压线，即可编织出一条三股辫。

023 四股辫

难易度 ★ ★ ☆ ☆ ☆

四股辫也称为旋转结，主要是将4根线轮换、旋转编织而成，常用于制作手链、项链和脚链等饰物。编织时也可以把绳子分4股并编号，先2压3，然后4压1、1压4，重复压线即可。

❶ 蓝线对折并打一个结，黄线对折，从两根蓝线的中间穿过。

❷ 蓝线交叉，处于黄线后面的蓝线压在前面的蓝线上。

❸ 黄线交叉，处于蓝线后面的黄线压在前面的黄线上。

❹ 蓝线交叉，处于黄线后面的蓝线压在前面的蓝线上。

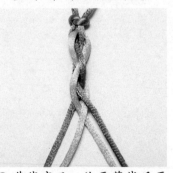

❺ 黄线交叉，处于蓝线后面的黄线压在前面的黄线上。

❻ 窍门就是将颜色相同的两根线重复交叉，交叉时后面的线压前面的线。

024 蛇结

蛇结因为纹理像蛇体而得名，蛇结编织出来的纹理简单大方，结体略有弹性，容易松散，正反面的纹理一致。

难易度　★ ☆ ☆

制作方法

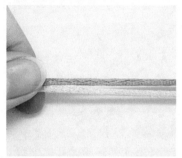

❶ 两根线并排。

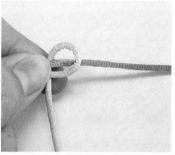

❷ 将下方黄线逆时针绕圈，包住蓝线并折下来。

❸ 将上方蓝线顺时针绕圈，包住黄线，并穿过黄色线圈。

❹ 两手均匀用力，拉扯两端的线。

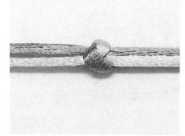

❺ 绳子收紧即可编织出一个蛇结。

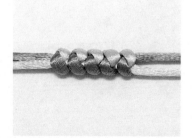

❻ 重复步骤2~4，直到编织出长度合适的蛇结。

025 金刚结

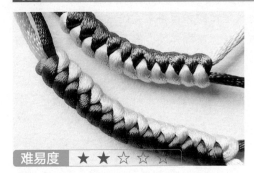

难易度 ★ ★ ☆ ☆ ☆

金刚结的纹理与蛇结很相似，只有开头与结尾处稍有不同。但是它比蛇结更牢固稳定，一旦结成，就很难散开，有"刚健稳固"之意，故称金刚结。编织的窍门是将收紧的那一根线绕1个线圈，并穿过另一个线圈。

制作方法

❶ 两根线并排。

❷ 将下方黄线逆时针绕圈，包住蓝线并折下来。

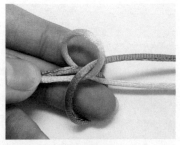

❸ 将上方蓝线顺时针绕中指1圈，包住黄线并穿过上方的黄色线圈。

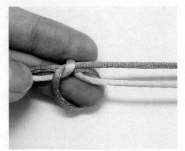

❹ 拉紧黄色的绳子。

❺ 将下方黄线逆时针绕食指1圈，包住蓝线并穿过下方的蓝色线圈。

❻ 拉紧蓝色的绳子。

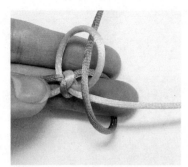

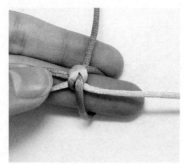

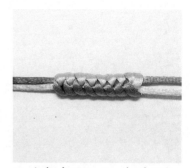

❼ 将上方蓝线顺时针绕中指1圈,包住黄线并穿过黄色线圈。

❽ 拉紧黄色的绳子。

❾ 重复步骤5~8,直到编织出长度合适的金刚结。

026 包芯金刚结

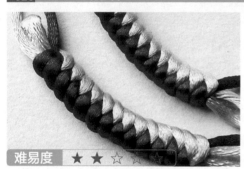

难易度 ★ ★ ☆ ☆ ☆

包芯金刚结是由两个线圈相互穿插编织而成的,中间是空心的。所以编织时如果没有较粗的线,或者希望手链更硬朗时,在金刚结中加入一根或多根线,就可以编织出更粗更硬的结体。

制作方法

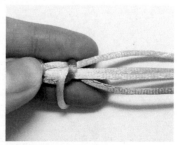

❶ 4根线并排,将下方蓝线逆时针绕1圈,包住另外3根线并折下来。

❷ 将上方黄线顺时针绕中指1圈,包住另外3根线,并穿过蓝色线圈。

❸ 收紧蓝色的绳子。

  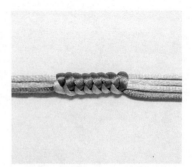

❹ 将下方蓝线逆时针绕食指1圈，包住黄线并穿过黄色线圈。

❺ 拉紧黄色的绳子。

❻ 重复步骤2~5，直到编织出长度合适的金刚结。

027 单结

难易度 ★ ☆ ☆

单结是最简单的结体，也是编织中的基本结。通过改变缠绕的圈数与绳子的数量，可以编织出各种不同的绳结。单结在生活中应用非常广泛，是一种常见的结体。

制作方法

❶ 一根线垂直平放。

❷ 绳子下端逆时针绕圈，包住上方的蓝线并穿过线圈。

❸ 拉紧绳子，即可编织出一个单结。

028 双联结

双联结又称双扣结，它的结体浑圆小巧，且不易松散。一般和纽扣结一样，作为编绳的开端或结尾，既可以固定主体部分，也可以作为手链单独编织。

难易度　★　★　☆

制作方法

❶ 两根线并排。

❷ 将左侧黄线向右压住蓝线，逆时针绕圈。

❸ 将下端黄线穿过黄色线圈。

❹ 将右侧蓝线向左压住黄线，顺时针绕圈，穿过黄色线圈。

❺ 将下端的蓝色绳子向左压住并穿过蓝色的线圈。

❻ 拉紧绳子即可编织出双联结。

029 单向平结

难易度 ★ ★ ☆ ☆

平结是一种古老而又实用的绳结，因其完成后的扁平形状而得名。平结分为单向平结与双向平结。单向平结的结体是呈螺旋上升状的，编织的窍门是让处于左侧的线永远都压在中间芯线的上方。

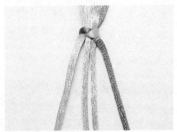

❶ 4根线并排。

❷ 左侧黄线向右压芯线，挑蓝线；右侧蓝线向左，挑起芯线并从下方穿过黄色线圈。

❸ 拉扯左右两侧的绳子，收紧绳结。

❹ 左侧蓝线向右压芯线，挑黄线；右侧黄线向左，挑起芯线并从下方穿过蓝色线圈。

❺ 拉扯左右两侧的绳子，收紧绳结。

❻ 重复步骤2~5，直到编织出长度合适的单向平结，绳结会呈螺旋上升状。

030 双向平结

难易度 ★ ★ ☆ ☆ ★

双向平结的结体是扁平笔直的，与单向平结的编织方法类似，区别在于它是左右两侧的线轮流压芯线，所以结体并不会呈螺旋状。编织的窍门是让穿过线圈的那根线压在中间芯线的上方。

制作方法

❶ 4根线并排。

❷ 左侧蓝线向右压芯线，挑黄线；右侧黄线向左，挑芯线并穿过蓝色线圈。

❸ 拉扯左右两侧的绳子，收紧绳结。

❹ 右侧蓝线向左压芯线，挑黄线；左侧黄线向右，挑芯线并穿过蓝色线圈。

❺ 收紧绳结，重复步骤2。左侧蓝线向右压芯线，挑黄线；右侧黄线向左，挑芯线并穿过蓝色线圈。

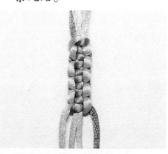

❻ 收紧绳结，重复步骤2~4，直到编织出长度合适的双向平结。

031 雀头结

难易度　★ ☆ ☆ ☆

雀头结的纹理整齐美观，有喜上眉梢之意。编织时需要缠绕一根芯线或环状物体才可以编织，在编手绳的扣眼会经常用到，也可以组合其他绳结，编织成一条手链。

制作方法

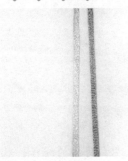

❶ 两根线并排。

❷ 将右侧蓝线包住黄线，顺时针绕一个圈。

❸ 将下端蓝线顺时针绕1圈，包住黄线，并穿过蓝色线圈。

❹ 两手均匀用力，拉扯两端的蓝线，收紧绳结。

❺ 重复步骤2~4，再次绕出两个线圈。

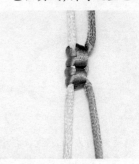

❻ 继续重复步骤2~4，直到编织出长度合适的雀头结。

032 凤尾结

难易度 ★ ☆ ☆ ☆

凤尾结，又称发财结，由于形似凤尾而得名。主要用于中国结的结尾，起装饰作用，象征龙凤呈祥、事业发达、财源滚滚。也可以适当增加缠绕的圈数，仅用凤尾结编织出一条手链。

制作方法

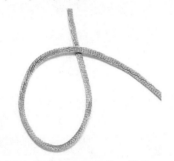

❶ 用一根线顺时针旋转，形成一个线圈，并压在上方的线上。

❷ 将线向左折，包住右侧蓝线，并穿过蓝色线圈。

❸ 将线向右折，包住左侧蓝线，并穿过蓝色线圈。

❹ 将线向左折，包住右侧蓝线，并穿过蓝色线圈。

❺ 重复步骤3~4，绕出更多线圈，并适当收紧绳子。

❻ 拉扯上方的绳子，收紧绳结，剪去多余的线并烧一下线头。

033 攀缘结

攀缘结共有3个耳翼，其中1个是可以抽动的，为了不让结体松散，经常会套在一段绳子或其他结体上，也因此而得名。又因为外观类似于"品"字，所以也称"一品结"。

难易度 ★☆☆☆☆

制作方法

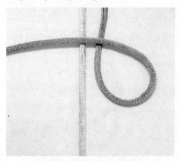

❶ 两根线并排，蓝线逆时针绕圈，向左压住黄线。

❷ 黄线包住蓝线，顺时针绕圈，并穿过蓝色线圈。

❸ 拉扯两端的线，收紧绳结。

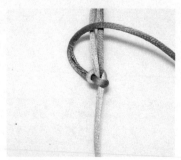

❹ 蓝线向上弯折，压住中间的两根线。

❺ 黄线逆时针绕圈，包住蓝线并穿过蓝色线圈。

❻ 收紧绳结，即可编出一个攀缘结。

034 单线纽扣结

纽扣结常被作为旗袍等服饰的纽扣，故称纽扣结。单线纽扣结是由一根线编织而成，常用于装饰点缀手链。此处需要压的线与挑的线较多，以压1（压1根线）与挑1（挑1根线）来进行编织说明。

难易度 ★ ★ ☆ ☆

制作方法

❶ 用一根线顺时针旋转，压在下方的线上，形成一个线圈。

❷ 再次顺时针旋转，形成一个新的线圈。

❸ 右侧线挑左侧线，并从下方穿过。

❹ 左侧线按黄线走向顺时针绕圈，并压1挑1，压1挑1。

❺ 右侧线按黄线走向再次挑左侧线从下方穿过，并压3挑3。

❻ 慢慢收紧绳子，即可编织出一个单线纽扣结。

035 双线纽扣结

难易度 ★ ★ ☆

制作方法

双线纽扣结常用在手链的开头或结尾，在开头时一般是为了固定线圈或线头，用在结尾时则一般是作为环扣中的扣。双线纽扣结同样也可以作为一种装饰的结体来点缀手链。

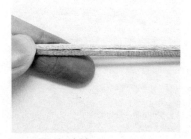

❶ 两根线并排。

❷ 将下方蓝线逆时针旋转，绕出一个线圈。

❸ 将线圈向左翻转。

❹ 将上方黄线绕食指1圈。

❺ 黄线压蓝线，并穿过黄线绕出的线圈。

❻ 将结体从手指取下。

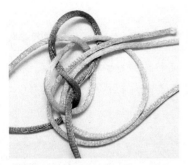  

❼ 将黄线按青线走向顺时针旋转绕圈，并挑1压1，挑2压3。

❽ 将蓝线按青线走向顺时针旋转绕圈，并压3挑3。

❾ 慢慢收紧绳子，即可编织出一个双线纽扣结。

036 双钱结

双钱结又称发财结，它的结体像是两个连接着的铜钱，故得此名。双钱结的结体美观大方，但是很容易松散，多个双钱结组合，可以编织出五福结、六合结、十全结等多种结体。

难易度 ★ ☆ ☆

制作方法

❶ 两根线并排，黄线逆时针绕一个圈。

❷ 右侧蓝线按青色线走向顺时针绕圈，压1挑1，压1挑1，压1。

❸ 适当拉扯绳子，即可编织出一个双钱结。

037 菠萝结

难易度 ★ ★ ☆ ☆ ☆

菠萝结由于形似菠萝而得名，是由一个双线双钱结推拉而成。菠萝结形态美观，常用做装饰的结体。

制作方法

❶ 用一根线交叉，形成一个线圈，右侧线比左侧线长。

❷ 左侧线逆时针绕一个圈。

❸ 上侧线挑下侧线，并从下方穿过。

❹ 下侧线按黄线走向顺时针绕圈，并压1挑1，压1挑1，编出一个双钱结。

❺ 上侧线穿回下侧线的内侧，沿着已编好的双钱结再穿一次，注意两线要平行。

❻ 穿好线后，即可形成一个双线双钱结。

⑦ 用一支笔（大小相近的棍状物都可以）穿过双线双钱结中间的孔。

⑧ 将双线双钱结向下合拢成立体状，并慢慢收紧绳子。

⑨ 剪去多余的线，用打火机烧线头，将两个线头粘在一起，并隐藏至结体内部。菠萝结完成。

038 玉米结圆编

难易度 ★★☆

玉米结，因形似玉米而得名，又称十字吉祥结。编织玉米结圆编的时候要注意，4根线挑压的方向始终是顺时针方向。

制作方法

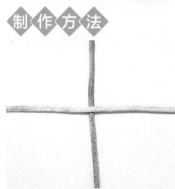  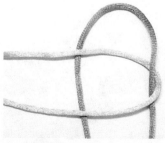

❶ 取两根线的中点，并垂直交叉摆放，黄线压在蓝线上。

❷ 上方蓝线向右下方弯折，压在黄线上。

❸ 右侧黄线向左弯折，压在蓝线上。

 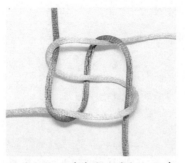 

❹ 下方蓝线向左上方弯折，压在黄线上。

❺ 左侧上方黄线向右弯折，压在蓝线上并穿过蓝色的线圈。

❻ 双手拉扯4根线，收紧绳结，即可编织出一个玉米结。

 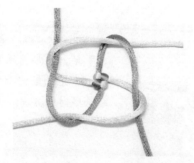 

❼ 重复步骤2，上方蓝线向右下方弯折，压在黄线上。

❽ 重复步骤3~5，按顺序进行压线，绕出一个圈来。

❾ 收紧绳结，重复步骤2~6，直到编织出长度合适的玉米结。

039 玉米结方编

玉米结方编的编织方法与玉米结圆编类似，但是编织出来的效果却有较大的差异。编织时注意，4根线完成一次挑压，编织出一个结体后，需要换一个方向再继续进行挑压编织。

难易度 ★ ★ ☆

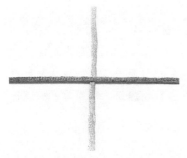

❶ 取两根线的中点，并垂直交叉摆放，蓝线压在黄线上。

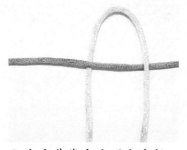

❷ 上方黄线向右下方弯折，压在蓝线上。

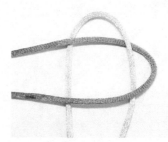

❸ 右侧蓝线向左弯折，压在黄线上。

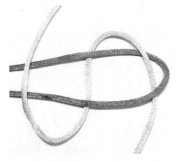

❹ 下方黄线向左上方弯折，压在蓝线上。

❺ 上方蓝线向右弯折，压在黄线上并穿过黄色的线圈。

❻ 双手拉扯4根线，收紧绳结，即可编织出一个玉米结。

❼ 这一步与圆编玉米结不同，上方黄线向左下方弯折（圆形玉米结是向右下方弯折），压在蓝线上。

❽ 按顺序进行压线，绕出一个圈来。

❾ 收紧绳结，重复步骤2~8，直到编织出长度适当的玉米结。

040 酢浆草结

酢浆草（cù jiāng cǎo）结有 3 个耳翼和两根散线，因外观与酢浆草的花朵相似而得名。酢浆草结可以由单线编织，也可以由双线编织，常作为一种装饰被添加在有耳翼的结体中。

难易度 ★ ★ ☆ ☆ ☆

制作方法

❶ 一根线对折形成一个线圈，作为圈 1，两端的线一长一短，右侧为长线。

❷ 将右侧线折出一个线圈，作为圈 2，并穿进圈 1 中，同时形成圈 3。

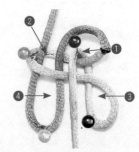

❸ 将蓝线折出一个线圈，作为圈 4，并穿进圈 2 中。

❹ 将上方蓝线向左下方弯折，向右穿入圈 4，压住黄线并穿过圈 3。

❺ 蓝线挑黄线从下方穿过，并从圈 4 中穿出。

❻ 收紧绳结，适当调整各耳翼的大小，即可编织出一个酢浆草结。

041 吉祥结

难易度 ★ ☆ ☆ ★

吉祥结有吉祥、富贵和平安之意，是由十字结延伸变化而来，又因吉祥结有7个耳翼和两根散线，故称"七圈结"。吉祥结常被用在穿入木质手串的三通珠后，作为收尾，需重点掌握。

制作方法

❶ 一根线对折形成一个线圈，再从左右各拉出线圈，大小与上方的线圈一致。

❷ 上方线圈向右下方弯折，压在右侧线圈上，并用珠针固定。

❸ 右侧线圈向左弯折，包住上方折下来的线圈，并压在下方的两根线上。

❹ 下方两根线向左上方弯折，包住右侧折过来的线圈，并压在左侧的线圈上。

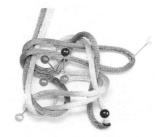

❺ 左侧线圈向右弯折，包住下方折上来的两根线，并穿过上方线圈弯折形成的线圈。

❻ 拉扯各个线圈，收紧绳结。

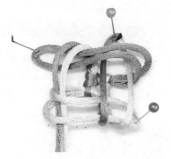

❼ 与第2步不同，此时用上方的两根线向左下方弯折，压在左侧线圈上。

❽ 按左侧线圈、下方线圈、右侧线圈的顺序进行压线。

❾ 拉扯各个线圈，收紧绳结，并适当调整各个耳翼的大小。吉祥结制作完成。

042 秘鲁结

秘鲁结是一个简单实用的结法，一面与双联结相似，但另一面则是两根平行线。秘鲁结常用在手链的收尾处，在秘鲁结的线圈中穿入一根线，也可以当作活扣使用，需重点掌握。

难易度 ★ ★ ☆ ☆ ☆

制 作 方 法

❶ 两根线并排，下方蓝线包住黄线，顺时针绕食指两圈。

❷ 将下方蓝线向上，从线圈左侧穿入。

❸ 拉扯两端的线，收紧绳结，即可编织出一个秘鲁结。

043　绕线

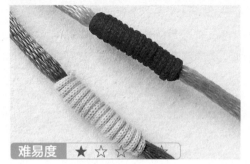

难易度 ★ ☆ ☆ ☆ ☆

绕线就是将一根线作为芯线，再将另一根线以芯线为轴心进行绕圈。绕线使绳结更加粗壮、结实。运用不同颜色的线绕在同一根芯线上，可以制作出一条精美的手链。

制作方法

❶ 准备一根粗点的线作为芯线，一根细点的线用来绕圈，细线对折,在左侧形成一个线圈。

❷ 手指按住细线的左侧，选择一根细线，包住芯线与另一根细线逆时针旋转绕1圈。

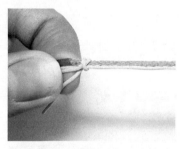

❸ 收紧第一个线圈，再逆时针旋转绕一个圈。

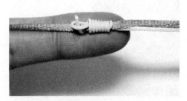

❹ 继续旋转绕圈，直到编织出合适长度，将剩下的线头穿入之前细线对折形成的线圈。

❺ 用力拉扯右侧的另一根细线，收紧线圈。

❻ 剪去两端多余的线，烧好线头，完成绕线。

044 流苏

难易度 ★ ☆ ☆

流苏主要是一种以丝线或羽毛制成的下垂的穗子，常作为装饰被用在中国结挂饰的尾端，使结饰不会太单调。也可以将流苏做得小一些，挂在手链上作为吊坠装饰。

制作方法

① 准备一束红色的流苏线对折，两端长度尽量相等。

② 用一根粗线在流苏线的对折处编一个单结，左侧的线头比右侧的线头稍长一些。

③ 选择一根黄色的流苏线在距离单结1.5厘米处，绕住流苏线再编一个单结。

④ 翻转至流苏线的另一面，用黄色流苏线编两个单结。

⑤ 用手提起较长一端的粗线，流苏会自然下垂。

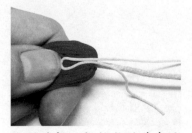

⑥ 再选择一根较长的黄色流苏线对折，压在红色流苏上，准备绕线。

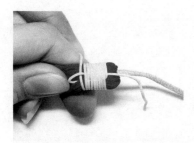 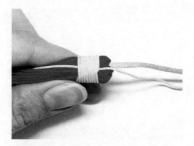 

❼黄色的流苏线逆时针进行绕圈，直到绕出合适长度后，将线头穿过黄线对折形成的线圈。

❽拉扯右侧的黄色流苏线，收紧线圈，可以适当将一小段线圈扯进绕线当中。

❾剪去多余的线，用打火机烧线头。流苏制作完成。

专家提醒

在制作流苏时，顶端的线通常比较难整理。此时，可以运用多种方法来进行装饰，如藏银花托，这样既可以使流苏更加美观，也可以掩盖其缺点。下图所示的流苏是添加花托后的效果。

还有专门的流苏帽，可以完全将流苏上方套住。如果使用流苏帽，可以省略绕线的步骤。

编织小技巧

——省时省力的快捷秘技

在编织手链前，先掌握一些常用的小技巧，可以帮助大家更好地制作手链，笔者将会在这一章详细讲解多种技巧。

045 调整绳结位置的方法

在编织手链时，往往是一种或多种绳结组合在一起进行编织。当编织不同绳结时，中间容易产生多余的线，此时需要调整绳结，将结体紧密连接在一起。

制 作 方 法

❶ 两个纽扣结的距离较远，可以调整其中一个纽扣结的位置。

❷ 找到需要缩短的那根线，用镊子将多出的线拉扯出来。

❸ 沿着线在结体中的走向，慢慢用手拉扯、移动。

❹ 继续用手拉扯多余的线，直到这段线被移出结体。

❺ 调整完后，两个纽扣结就能紧密连接在一起。

046　手绳活扣的制作方法

在制作编绳手链时，一般会使用活扣结尾。活扣分两种，秘鲁结活扣和平结活扣。平结活扣会留出一段线，可以编织结体或者穿入珠子、配件等。

秘鲁结活扣的制作方法

❶ 将手链预留的两根线交叉放在食指上。

❷ 将右侧有线头的橙色线绕食指。

❸ 将蜡线从线圈的左侧穿过去。

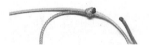

❹ 慢慢收紧绳子并剪去多余的线，用打火机烧线头。

❺ 左侧的蓝色线重复步骤2~4，同样编织一个秘鲁结即可完成。

平结活扣的制作方法

❶ 用一根线包住手链预留的两根芯线编一个单结，并将单结交叉的部分旋转半圈，朝向手链内侧。

❷ 左线向右挑芯线，右线向左压芯线，穿过左线形成的线圈。

❸ 拉扯绳子，收紧绳结。右线向左挑芯线，左线向右压芯线，穿过右线形成的线圈。

❹ 编织时需注意，挑线圈出来的那根线是压在芯线上方的，另一根线则在芯线下方。

❺ 编织适当长度的结体后，剪去多余的线头并熔烧，可以适当烧一下线头周围的部分，使线头粘住结体。

❻ 手链预留的线需要穿入珠子或编织绳结，防止拉扯时将绳子抽出平结活扣。

047 手链结尾的方式

在制作手链时，一般会用两端的线来做活扣或者链扣，笔者此处介绍几种手链结尾方式。

在制作活扣类手链时，用末端的线可以编织一个或多个单结、金刚结、凤尾结等结体，也可以穿上珠子，或者在末端套上一个吊桶扣。

在制作链扣类手链时，可以在延长链的末端进行装饰，可以连接多种 2~10 毫米的小吊坠，如星星、水滴、铃铛等，也可以用 T 针连接珠子。

048 用线穿珠子的方法

在制作手链时，有时会需要将绳子穿一些孔道较小的珠子，此时可以运用打火机和剪刀辅助。在按压烧过的线头时，如果怕烫到手，可以使用带有光滑平面的物品（如杯子、笔头）来按压线头。

❶ 用打火机烧一下线头，并将线头部分拉出一定长度。

❷ 用剪刀适当修剪烧完的线头，使其变得尖锐。

❸ 将绳子往珠子孔道中穿。

❹ 可以边旋转绳子边往珠子孔道中送，或者使用镊子辅助。

❺ 当线头出现在珠子另一端时，可以使用镊子将线头夹出来。

049 穿三通珠的方法

在制作木珠或果实珠手链时，可以使用三通珠来收线。将线从三通珠中引出来需要一些小技巧，此处介绍两种穿三通珠的方法。

钢丝穿三通珠的方法

❶ 准备一颗三通珠与一根细钢丝，将细钢丝对折。

❷ 将细钢丝的线圈从三通珠的第三个孔中插进去。

❸ 用串珠钢丝穿过三通珠，要确保穿过了细钢丝的线圈。

❹ 拉扯串珠钢丝，将线引过三通珠的孔道。

❺ 拉扯细钢丝，即可将线引出三通珠的第三个孔。

三通钩针穿三通珠的方法

❶ 先将弹力线穿过三通珠的两个孔道。

❷ 用镊子将三通珠内的弹力线拨至一侧。

❸ 将三通钩针以与弹力线平行的方向插入三通珠的第三个孔。

❹ 将钩针旋转90度，与弹力线垂直。

❺ 勾住线后，将线拉扯出三通珠的孔。

❻ 将两根线都引出三通珠的第三个孔即可。

050 三通珠收尾方法

在三通珠收尾时，一般会以吉祥结来作为装饰结，并穿上弟子珠，再以8字结、金刚结或者凤尾结来收尾。此处介绍吉祥结与8字结的编织方法。

编织方法

❶ 将两根线各拉出一个线圈，并用拇指与食指按住。

❷ 将下方两根线向上绕中指1圈，压住右侧线圈与上方两根线。

❸ 用钩针勾住左侧线圈。

❹ 将其向右拉，压住下方的两根线与右侧线圈。

❺ 将上方的两根线向下压住右侧的两个线圈。

❻ 松开绕在中指上的线圈。

❼ 将钩针穿过线圈，并勾住右侧偏下方的线圈。

❽ 将右侧的线圈向下拉，引过绕在中指的线圈。

❾ 调整结体并适当收紧，即可编织出吉祥结的一个面。

❿ 用拇指与食指按住吉祥结，准备编织第二个面。

⓫ 将下方两根线向上绕中指1圈，压住右侧线圈与上方两根线。

⓬ 用钩针勾住左侧线圈。

⑬ 将其向右拉，压住下方的两根线与右侧线圈。

⑭ 将上方的两根线向下压住右侧的两个线圈。

⑮ 松开绕在中指上的线圈。

⑯ 将钩针穿过线圈，并勾住右侧偏下方的线圈。

⑰ 将右侧的线圈向下拉，引过绕在中指的线圈。

⑱ 适当收紧并调整结体，即可编织出一个完整的吉祥结。

⑲ 将钩针穿过上方两根线右侧的线圈。

⑳ 适当用力，即可拉出一个耳翼。用同样的方法拉出另外3个耳翼。

㉑ 将下方的一根线穿入3颗弟子珠，珠子最好比主珠小。

㉒ 将线顺时针向上绕1圈，并压住上方的线。

㉓ 将线向左弯折，挑上方的线并绕半圈。

㉔ 将线向下弯折，并穿过下方的线圈。

㉕ 拉扯绳子收紧绳结，即可编织出一个8字结，并剪去多余的线。

㉖ 重复步骤21~25，在另一根线上也穿入弟子珠，并编一个8字结。

编绳篇

4

多种线材
——不同线材的质感之美

本章节主要以多种线材来编织手链，打造线材的最美质感。
需要注意的是，编织时要保持手的洁净，否则污垢会沾在绳子上，
影响手链的美观。

051 暗雅

深棕色的编织皮绳，静静地展现着它独特的优雅。

难易度 ★ ☆ ☆ ☆ ☆

材　　料：线材——长 15.5 厘米，直径为 3 毫米的黑色露边皮绳 1 根。

　　　　　金属配件——长 16 毫米的金色皮绳扣 1 个。

　　　　　其他——B-6000 胶水。

价格与尺寸：参考成本价 14 元，参考零售价 85 元；样品适合周长为 15.5 厘米的手腕。

绳结组成：无。

配件与工具使用方法：皮尺的使用方法（P22）。

制 作 方 法

① 剪出一段 15.5 厘米的黑色露边皮绳。

② 将皮绳扣分开。

③ 选择圆柱状的一端。

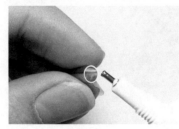

④ 将空心的一端朝上,同时打开胶水的瓶盖。

⑤ 将胶水挤入圆柱体中。

⑥ 迅速拿起皮绳的一端插入圆柱体中,即可将绳扣与皮绳黏合在一起。

⑦ 用同样的方法黏合皮绳扣的另一端。

⑧ 将手链弯曲成圈,扣上皮绳扣,手链制作完成。

专家提醒

　　B-6000 胶水具有极强的黏合力,而且固化后具有超高的弹性,是黏合各种绳扣的理想用胶。

052 清

青青的流水轻轻地荡起，金色的花儿随之翩翩起舞。

难易度 ★ ★ ☆ ☆ ☆

材　　料：线材——长 130 厘米，直径为 6 毫米的果绿色鞋带 1 根。

　　　　　金属配件——长 13 毫米的金色花朵金属 1 个。

　　　　　其他——长 5 厘米，宽 28 毫米的透明胶布。

价格与尺寸： 参考成本价 5 元，参考零售价 99 元；样品适合周长为 15 厘米的手腕。

绳结组成： 三股辫（P31）。

配件与工具使用方法： 皮尺的使用方法（P22）、打火机的使用方法（P22）。

制作方法

① 取鞋带对半剪断。

② 用胶布将剪断的一端卷起来，尽量捏紧绳子。

③ 剪去毛边，并用打火机熔烧线头，小心不要烧过头。

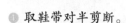

④ 在绳子的22厘米处弯折，再在较长绳子的16.5厘米处弯折。

⑤ 将绳子竖起来，有线头的一端放在弯折线段的中间。

⑥ 反复用右侧线和左侧线压中间线，便可编织出一条三股辫。

⑦ 编织到最后时，一定要将线头穿入线圈中。

⑧ 适当调整中间的结体，使其更加匀称。

⑨ 先将粘有胶布一端的绳子穿过金属花朵，再穿另一根线，手链制作完成。

053 平安

简单小巧的红色幸运绳编手链，愿君平安健康。

难易度 ★ ★ ★ ☆ ☆

材　　料：线材——长50厘米，直径为2毫米的红色5号中国结线1根。

价格与尺寸：参考成本价1元，参考零售价2元；样品适合周长为15.5厘米的手腕。

绳结组成：二股辫（P30）、双线纽扣结（P44）。

配件与工具使用方法：皮尺的使用方法（P22）、打火机的使用方法（P22）、镊子的使用方法（P24）。

制作方法

① 将 5 号线对折，分别用手捏
住两根线向一个方向搓动。

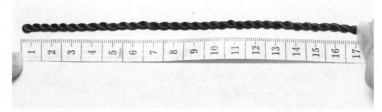

② 编织出长 16.5 厘米左右的二股辫。在确定 5 号线长度时，可以按
照（手腕周长 +1）×2.4+10= 绳子长度的公式来计算绳子的大概
长度。如果不太熟悉纽扣结的编织，可以适当再增加 5~10 厘米。

③ 左手捏住二股辫的末端，或
者用二股辫部分打一个单
结，防止线散开。

④ 将下方的线逆时针旋转，
绕出一个线圈并向左翻转。

⑤ 上方的线绕食指 1 圈，并
穿过绕在食指上的线圈。

⑥ 两根线顺时针绕半圈，用
镊子从中间的方孔把两根
线夹出来。

⑦ 收紧绳结，调整纽扣结的位
置，剪去线头并烧线头。

⑧ 将手链弯曲成圈，用另一
端的线圈套住纽扣结，手
链制作完成。

054 花季

十六岁，正是青春年华，可以肆无忌惮地张扬自己的美丽。

难易度 ★ ★ ★ ☆ ☆

材　　料：线材——长 16.5 厘米的浅蓝色绒皮绳两根，长 16.5 厘米的黄色、粉色绒皮绳各 1 根。
　　　　　金属配件——长 12 毫米的银色龙虾扣 1 个；宽 6 毫米的银色马夹扣 4 个；直径为 5
　　　　　毫米的银色连接圈两个；长 4 厘米，直径为 4 毫米的银色延长链 1 条。

价格与尺寸：参考成本价 4 元，参考零售价 28 元；样品适合周长为 15.5 厘米的手腕。

绳结组成：二股辫（P30）。

配件与工具使用方法：尖嘴钳的使用方法（P21）、连接圈的使用方法（P25）、链条的使用方
　　　　　法（P27）、龙虾扣的使用方法（P27）、马夹扣的使用方法（P27）。

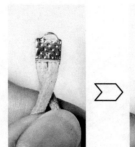

① 选择一根浅蓝色与粉色的线并排，用一个马夹扣固定住其中一端。

② 蓝线压在粉线上，再把粉线压在蓝线上，接着把蓝线压在粉线上。注意保持线始终在一个面上，否则线会散开。

③ 重复压线，即可用绒皮绳制作出一条二股辫。

④ 用马夹扣固定住另一端。

⑤ 重复步骤1~4，制作出另一条二股辫。

⑥ 用一个连接圈将两根二股辫穿起来。

⑦ 重复步骤2，将两根二股辫缠绕在一起。

⑧ 用一个连接圈将两根二股辫穿起来，并连接一个龙虾扣。

⑨ 在另一端连接一条延长链，手链制作完成。

055 湖

清澈的湖泊，是深山里最美丽的瑰宝。

难易度 ★ ★ ★ ☆ ☆

材　　料：线材——长1米，直径为3毫米的蓝色5号线1根；长75厘米，直径为3毫米的黑色5号线1根。

价格与尺寸：参考成本价3元，参考零售价29.9元；样品适合周长为16厘米的手腕。

绳结组成：双联结（P37）、凤尾结（P41）。

配件与工具使用方法：皮尺的使用方法（P22）、打火机的使用方法（P22）。

制作方法

① 取黑色5号线对折，蓝色4号线放在黑线线圈中间。

② 用黑线包住蓝线，编一个双联结，预留1厘米的线圈。

③ 蓝线挑下方黑线从下方穿过，再包住下方黑线向上折。

④ 蓝线挑上方黑线从下方穿过，包住上方黑线折下来，再挑下方黑线从下方穿过。

⑤ 蓝线包住下方黑线向上折，挑上方黑线从下方穿过。

⑥ 不断地包住黑线绕圈，编织15.5厘米后停止。可参照凤尾结的编制方法。

⑦ 再次用黑线包住蓝线，编一个双联结。

⑧ 剪去两端多余的线，并烧一下线头。

⑨ 将手链弯曲，用预留的线圈套住另一端的双联结，手链制作完成。

专家提醒

在开始使用蓝线编织时，可以先不用剪线并烧线头，因为最初编织时线比较松散，预留一点线，可以在编织完后再拉扯一下线头，使编织的结体更加紧实。

056 雨后

只有经过风雨，才能见到那最美丽的彩虹！

难易度 ★ ★ ★ ☆ ☆

材　　料：线材——长1米，直径为1毫米的米白色玉线1根；长20厘米，直径为1毫米的红、
　　　　　橙、黄、绿、青、蓝、紫色玉线各1根。

价格与尺寸：参考成本价2元，参考零售价23元；样品适合周长为15.5厘米的手腕。

绳结组成：蛇结（P33）、双联结（P37）、双线纽扣结（P44）、菠萝结（P46）。

配件与工具使用方法：皮尺的使用方法（P22）、打火机的使用方法（P22）、串珠钢丝的使用方法（P23）。

制作方法

① 用一根长 20 厘米的玉线编织一个菠萝结。

② 用一根串珠针穿过菠萝结中心的孔，收紧结体并剪线熔烧。

③ 将其他 6 个颜色的 20 厘米长的玉线全部编织成菠萝结。

④ 选择 15 厘米的米白色玉线对折，编织一个双联结。

⑤ 编织出 6 厘米长的蛇结。

⑥ 将蛇结右侧的线穿过串珠针的孔（没有串珠针的话可用串珠钢丝代替）。

⑦ 将串珠针上的红色菠萝结穿到米白色玉线上。

⑧ 将所有的菠萝结都穿到米白色玉线上，并移至右侧。

⑨ 继续用米白色玉线编织出长 6 厘米的蛇结。

⑩ 在米白色玉线右侧编织出一个纽扣结。

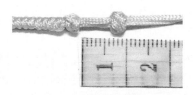

⑪ 将结体移至蛇结结尾处，预留长 6 毫米的线，再编织一个纽扣结。

⑫ 剪去多余的线并熔烧线头，用左端线圈套住右端，手链制作完成。

5 添加金属
——刚柔并济的调和之美

金属配件有着硬朗的外形,而编绳是柔软的,硬朗的金属与柔软的编绳组合,材质对比更加明显,可以将各自的特性发挥到极致。

简单的蕾丝同,简单的三角,正适合简单的你。

难易度 ★ ★ ☆ ☆ ☆

材料: 线材——长 13 厘米,直径为 5 毫米的黑色波浪蕾丝 1 根;长 13.5 厘米,直径为 1 毫米的黑色蜡线 1 根。

金属配件——边长为 25 毫米的金色三角 1 个;内径为 12 毫米的银色龙虾扣 1 个;宽 6 毫米的银色马夹扣两个;直径为 5 毫米的银色连接圈 1 个;长 4 厘米,直径为 4 毫米的银色延长链 1 条。

价格与尺寸: 参考成本价 2 元,参考零售价 5 元;样品适合周长为 15 厘米的手腕。

绳结组成: 无。

配件与工具使用方法: 尖嘴钳的使用方法(P21)、皮尺的使用方法(P22)、连接圈的使用方法(P25)、链条的使用方法(P27)、龙虾扣的使用方法(P27)、马夹扣的使用方法(P27)。

制作方法

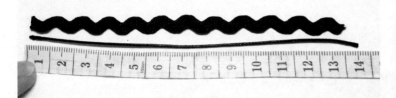

① 剪出 13 厘米的黑色波浪蕾丝与 13.5 厘米的黑色蜡线，蜡线要挂住金色三角，所以线稍长一点。

② 用打火机烧线头，防止线在编织时散开。

③ 用延长链连接一个马夹扣。

④ 用连接圈连接一个马夹扣和一个龙虾扣。

⑤ 将连接了延长链的马夹扣夹住蕾丝与蜡线的左端。

⑥ 将蜡线从右侧穿入金色三角，并移至线材中间位置。

⑦ 用连接了龙虾扣的马夹扣夹住蕾丝与蜡线的右端。

⑧ 将手链弯曲成圈，用龙虾扣扣住链条，手链制作完成。

专家提醒

　　在选择材料时，笔者会将材料的具体详情写出来，下面为大家解释一下材料介绍中文字的含义。以本节实例中的蕾丝线材为例：

5 毫米（物品最大直径）黑色（物品颜色）波浪蕾丝（物品名称）；

13 厘米（所需长度）1 根（所需数量）；

基本上所有材料都是如此来介绍说明，只有线材与链条才会有长度说明。

058 约定

我和你有一个约定，还记得吗？我们一直都要在一起。

难易度 ★ ★ ☆ ☆ ☆

材　　料：线材——长13厘米，直径为5毫米的红色米兰线1根。

金属配件——长29毫米的银色弯管1个；长12毫米的银色龙虾扣1个；直径为8毫米的银色连接圈两个；内径为5毫米银色吊桶扣两个；长4厘米，直径为4毫米的银色延长链1条。

其他——B-6000胶水。

价格与尺寸：参考成本价15元，参考零售价85元；样品适合周长为14~16厘米的手腕。

绳结组成：无。

配件与工具使用方法：尖嘴钳的使用方法（P21）、打火机的使用方法（P22）、连接圈的使用方法（P25）、链条的使用方法（P27）、龙虾扣的使用方法（P27）、吊桶扣的使用方法（P28）。

制作方法

❶ 选择米兰线的一端，米兰线由多根线编织而成，纹理呈螺旋上升状。

❷ 用打火机熔烧线头，防止线在穿弯管时散开。

❸ 两端线头熔烧好后，拇指与食指捏住米兰线的一端，一边向上搓动，一边将线推进弯管中。

❹ 绳子穿入弯管后，将弯管移至绳子中间。

❺ 运用连接圈分别将两个吊桶扣与龙虾扣和延长链连接起来。

❻ 选择连接了延长链的吊桶扣，将胶水挤入其中。

❼ 迅速将米兰线的一端插入吊桶扣，使其黏合。

❽ 用同样的方法将连接了龙虾扣的吊桶扣黏合至另一侧线头。

❾ 将手链弯曲成圈，用龙虾扣扣住链条，手链制作完成。

059 守护

每一个人，在我们看不见的地方都有一个守护神。在我们困难的时候，悄悄地帮我们一把。

难易度 ★ ★ ☆ ☆ ☆

材　　料：线材——长 5.5 厘米，直径为 5 毫米的红色米兰线两根；

金属配件——长 15 毫米的银色小狗双头吊坠 1 个；长 12 毫米的银色龙虾扣 1 个；直径为 5 毫米的银色连接圈 4 个；内径为 5 毫米的银色砝码扣 4 个；长 4 厘米，直径为 4 毫米的银色延长链 1 条。

其他——B-6000 胶水。

价格与尺寸：参考成本价 12 元，参考零售价 99 元；样品适合周长为 14~16 厘米的手腕。

绳结组成：无。

配件与工具使用方法：尖嘴钳的使用方法（P21）、打火机的使用方法（P22）、连接圈的使用方法（P25）、链条的使用方法（P27）、龙虾扣的使用方法（P27）、吊桶扣的使用方法（P28）。

制作方法

① 熔烧两根米兰线的线头。

② 将两个砝码扣分别用胶水粘在两根米兰线的一端。

③ 运用连接圈将另外两个砝码扣分别与龙虾扣和延长链连接起来。

④ 选择一根粘了砝码扣的米兰线，用胶水将其粘住连接了龙虾扣的砝码扣。

⑤ 用胶水将另一根米兰线粘住连接了链条的砝码扣。

⑥ 选择金属小狗双头吊坠与两个连接圈。

⑦ 用连接金属小狗的连接圈与一根米兰线相连。

⑧ 用同样的方法将另一个连接金属小狗的连接圈连接另一根米兰线。

⑨ 将手链弯曲成圈，用龙虾扣扣住链条，手链便制作完成。

专家提醒

　　米兰线是由多根线编织而成，如果没有米兰线，也可以用其他的绳子代替，主要有以下几种方法。

　　1. 使用比较粗的皮绳，或者编织皮绳。

　　2. 使用3号或者4号中国结线。

　　3. 使用1毫米的A玉线编织圆形玉米结，直到编织到合适长度后，剪线并烧线头。

060 你的名字

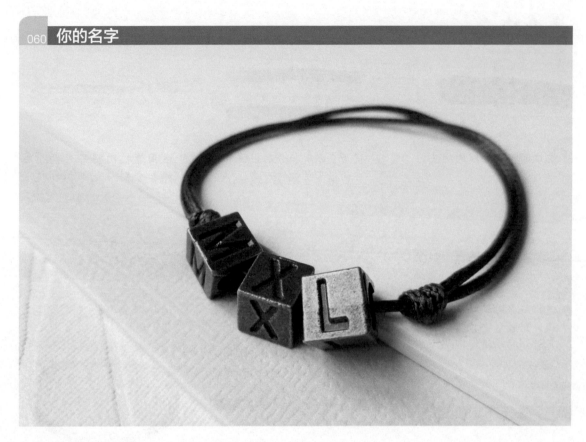

你的名字，是什么呢？

难易度 ★ ★ ☆ ☆ ☆

材　　料：线材——长34厘米，直径为1毫米的深棕色蜡线1根。

　　　　　金属配件——宽6毫米的古铜色方块字母3个。

价格与尺寸：参考成本价2.5元，参考零售价26元；样品适合周长为15~15.5厘米的手腕。

绳结组成：秘鲁结（P52）。

配件与工具使用方法：皮尺的使用方法（P22）、打火机的使用方法（P22）。

制作方法

① 将3个字母按顺序穿入深棕色蜡线上。

② 取左侧10厘米蜡线，准备编织秘鲁结。

③ 将两根线平行放在左手食指上。

④ 将下方的蜡线绕食指两圈。

⑤ 将蜡线从线圈的左侧穿过去。

⑥ 慢慢收紧绳子，编织出一个秘鲁结。

⑦ 剪去多余的线，用打火机熔烧线头。

⑧ 用同样的方法编织出另一端的秘鲁结，适当调整两个秘鲁结的位置，手链制作完成。

专家提醒

在编织秘鲁结进行收紧绳结的时候，不要拉扯线头的一端，而是要从另一端用手指轻轻推动结体，使其尽量向线头靠近，这样可以避免再次调整结体而浪费时间。

061 简单爱

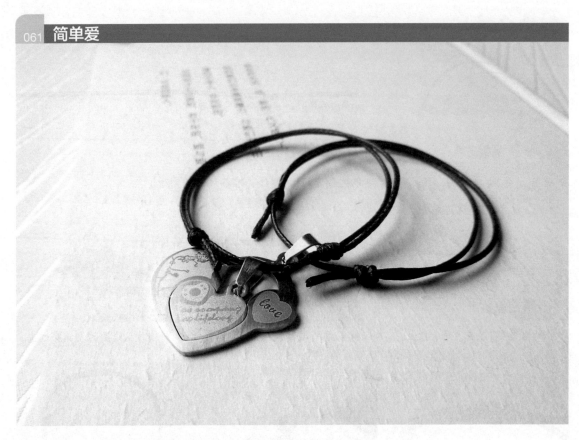

简简单单，毫无保留，这就是我给你的爱。

难易度 ★ ★ ☆ ☆ ☆

材　　料：线材——长 34 厘米，直径为 1 毫米的黑色蜡线 1 根。

　　　　　金属配件——宽 15 毫米的银色爱心吊坠牌 1 个；长 8 毫米的银色瓜子扣 1 个。

价格与尺寸： 参考成本价 1.5 元，参考零售价 9.9 元；样品适合周长为 14~15 厘米的手腕。

绳结组成： 秘鲁结（P52）。

配件与工具使用方法： 尖嘴钳的使用方法（P21）、皮尺的使用方法（P22）、打火机的使用方法（P22）。

制作方法

❶ 选择爱心吊坠与瓜子扣。

❷ 将瓜子扣穿入爱心吊坠右上方的孔。

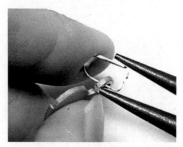

❸ 运用尖嘴钳夹合瓜子扣的末端。

❹ 用打火机来烧线头，防止编织时线头散开。

❺ 将绳子穿入爱心吊坠，并将爱心吊坠移至绳子的中间位置。

❻ 选择左侧的线，包住右侧的线绕食指两圈。

❼ 将线头从线圈的左侧穿过去。

❽ 慢慢收紧绳结，并留出1厘米的线头作为装饰。

❾ 用同样的方法编织出另一端的秘鲁结，适当调整两个秘鲁结的位置，手链制作完成。

062 醉心

金色的小花，落入酒红的温柔，小小巧巧，却又独具特色。

难易度 ★ ★ ☆ ☆ ☆

材　　料：线材——长30.5米，直径为1毫米的酒红蜡线两根；长17厘米，直径为1毫米的酒
　　　　　红蜡线1根。
　　　　　金属配件——宽1厘米的金色梅花圈1个。
价格与尺寸：参考成本价2元，参考零售价35元；样品适合周长为15~15.5厘米的手腕。
绳结组成：单结（P36）、双向平结（P39）、雀头结（P40）。
配件与工具使用方法：尖嘴钳的使用方法（P21）、打火机的使用方法（P22）。

制作方法

① 将30.5厘米的酒红蜡线对折。

② 将线圈穿过金属梅花圈。

③ 两根线穿过线圈，打一个雀头结，将线绳翻一个面。

④ 重复步骤1~3，将另一根线也系在金属梅花圈上。

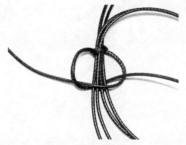

⑤ 金属圈两侧的线交叉，用一根长17厘米的酒红蜡线编织活扣。

⑥ 编织完成后，剪去多余的线并烧线头。

⑦ 在活扣两侧的线头末端编一个单结，用尖嘴钳拉紧。

⑧ 剪去多余的线并烧线头。

⑨ 适当调整手链，使各部分结体更匀称，手链制作完成。

063 白言

白色的编织皮绳，金色的金属字母，体现了主人的直爽。

难易度 ★★★☆☆

材　　料：线材——长70厘米，直径为3毫米的白色皮绳1根；长22厘米，直径为1毫米的黑色蜡线两根。

金属配件——长23毫米的银色钥匙扣1个；直径为7毫米的银色连接圈1个；宽11毫米的黑色字母1个；直径为5毫米的银色连接圈1个。

价格与尺寸：参考成本价7元，参考零售价29元；样品适合周长为15.5厘米的手腕。

绳结组成：绕线（P53）。

配件与工具使用方法：尖嘴钳的使用方法（P21）、皮尺的使用方法（P22）、打火机的使用方法（P22）、连接圈的使用方法（P25）。

制作方法

① 用7毫米的连接圈连接钥匙扣，用5毫米连接圈连接黑色字母，再将5毫米连接圈与7毫米的连接圈相连。

② 将皮绳对折，其中一端比另一端多出3.5厘米。

③ 将下方皮绳在上方皮绳长出0.5厘米处对折，形成一个线圈。

④ 将22厘米的黑色蜡线在4厘米处对折，并放在皮绳上。

⑤ 白色皮绳预留1厘米的线，用黑色蜡线绕出1厘米的线圈，包裹住皮绳线头的交叉部分。

⑥ 剪去多余的蜡线，并烧一下线头，线头与绕线结尾的地方尽量在一个平面，将此面作为背面。

⑦ 将7毫米的连接圈连接在皮绳另一端的线圈上。

⑧ 用黑色蜡线绕出1厘米的线圈，剪去多余的线，并烧一下线头。

⑨ 将钥匙扣扣住皮绳另一端的线圈，手链制作完成。

064 星座

每个人都有属于自己的星座，每个星座又有着只属于自己的个性，你是什么星座呢？

难易度 ★ ★ ★ ☆ ☆

材　　料：线材——长15.5厘米，直径为3毫米的深棕色皮绳2根；长14.5厘米，直径为1毫米的深棕色蜡线1根。

金属配件——21毫米银色星座吊坠1个；12毫米（内径7毫米）枪黑色圆环1个；10毫米（内径6毫米）银色圆环两个；10毫米银色龙虾扣1个；8毫米银色连接圈两个；5毫米银色连接圈1个；内径5毫米银色吊桶扣两个；直径为4毫米的银色珠子10颗；长4厘米，直径为4毫米银色延长链1条。

其他——B-6000胶水。

价格与尺寸：参考成本价7元，参考零售价23元；样品适合周长为15~16.5厘米的手腕。

绳结组成：无。

配件与工具使用方法：尖嘴钳的使用方法（P21）、连接圈的使用方法（P25）、链条的使用方法（P27）、龙虾扣的使用方法（P27）、吊桶扣的使用方法（P28）。

制作方法

① 用5毫米的连接圈连接星座吊坠，用两个8毫米连接圈分别连接吊桶扣与龙虾扣、吊桶扣和延长链。

② 将蜡线穿入星座吊坠，并将吊坠移至中间位置，然后在星座吊坠左右各穿入5颗银珠。

③ 将两根皮绳穿入12毫米的枪黑色圆环，并将圆环移至中间位置。

④ 两根皮绳分别以圆环位置为中心对折。

⑤ 用10毫米的银色圆环分别从皮绳的两端穿入。

⑥ 左端的皮绳与蜡线平行摆放，注意不要让蜡线上的银珠掉落。

⑦ 将胶水挤入连接了龙虾扣的吊桶扣，并迅速套在皮绳与蜡线上。

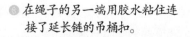

⑧ 在绳子的另一端用胶水粘住连接了延长链的吊桶扣。

⑨ 将手链弯曲成圈，用龙虾扣扣住链条，手链制作完成。

065 铃乐

小巧玲珑的铃铛，轻轻地在手腕回响，叮叮当当，叮叮当当。

难易度 ★★★☆☆

材　　料： 线材——长23厘米，直径为4毫米的红色米兰线1根；长17厘米，直径为1毫米蓝色流苏线两根。

金属配件——11毫米银色吊坠环1个；直径为8毫米的银色铃铛1个；直径为5毫米的金色铃铛1个；5毫米银色连接圈1个；内径4毫米金色吊桶扣两个。

其他——B-6000胶水。

价格与尺寸： 参考成本价5元，参考零售价58元；样品适合周长为15.5厘米的手腕。

绳结组成： 菠萝结（P46）。

配件与工具使用方法： 尖嘴钳的使用方法（P21）、打火机的使用方法（P22）、镊子的使用方法（P24）、连接圈的使用方法（P25）。

制｜作｜方｜法

① 取一根17厘米的流苏线（也可用Ａ号玉线）编织一个双钱结。

② 沿已编好的双钱结再穿一次，注意两线要平行。

③ 烧一下米兰线的线头，并选择其中一端用胶水粘住一个吊桶扣。

④ 将菠萝结套在吊桶扣上，慢慢收紧绳结（也可先套在别的物体上，收紧绳结后再套住吊桶扣）。

⑤ 将收紧绳结后多出来的线穿过吊桶扣上的孔。

⑥ 剪去多余的线，将两个线头燃烧后粘在一起。

⑦ 用镊子将烧过的线头隐藏进结体内。

⑧ 用一个连接圈连接吊坠环与两个铃铛。

⑨ 从另一端将吊坠环穿进米兰线，移至另一端后，再次穿入吊坠环。

⑩ 将左侧的线头用胶水黏合一个吊桶扣。

⑪ 用另一根流苏线编织一个菠萝结套在吊桶扣上。

⑫ 重复步骤5~7，手链制作完成。

066 好运来

转运珠转运，转走晦气，转来运气，愿你永远健康平安。

难易度 ★★★★☆

材　　料：线材——长 80 厘米，直径为 1 毫米的红色玉线 2 根；长 14 厘米，直径为 1 毫米的红色
　　　　　玉线 1 根。

　　　　　金属配件——长 11 毫米的银色转运桶珠 1 个；直径为 6 毫米的银色磨砂珠子 8 个。

价格与尺寸：参考成本价 12 元，参考零售价 59 元；样品适合周长为 15~17 厘米的手腕。

绳结组成：金刚结（P34）、单结（P36）、双向平结（P39）。

配件与工具使用方法：皮尺的使用方法（P22）、打火机的使用方法（P22）、串珠钢丝的使用方法（P23）。

制作方法

① 取 80 厘米长的红色玉线两根，穿上银色转运桶珠，将转运桶珠移至线的中间，并在转运珠两侧各编织 3 个金刚结。

② 从右侧穿上一颗磨砂银珠，并在右侧编织 3 个金刚结。

③ 继续穿上两颗磨砂银珠并编织金刚结。

④ 重复步骤 2~3，在线的左侧也穿入 3 颗磨砂银珠，并编织金刚结。

⑤ 在两侧磨砂银珠的侧边，各编织 3.5 厘米的金刚结。

⑥ 预留 7 厘米的线，穿上一颗磨砂银珠。

⑦ 在磨砂银珠右侧编织一个单结，剪去多余的线并熔烧线头。

⑧ 重复步骤 7，在另一侧线头也穿上磨砂银珠。两线交叉，取 14 厘米的玉线在中间编织一个活扣。

⑨ 适当调整活扣的位置，手链制作完成。

专家提醒

在穿上孔径较小的珠子时，可以先穿入一根线，再用串珠钢丝将另一根线引出来，注意第二根线与第一根线穿入的方向是一致的。

067 貔貅

貔貅被人们认为是吉瑞之兽。

难易度 ★★★★☆

材　　料：线材——长 62 厘米，直径为 3 毫米的黑色 4 号线两根；长 1.2 米，直径为 1 毫米的黑色玉线两根；长 20 厘米，直径为 1 毫米的黑色玉线 1 根。

　　　　金属配件——长 20 毫米的银色貔貅 1 个；直径为 8 毫米的银色大孔珠 2 个。

价格与尺寸： 参考成本价 6 元，参考零售价 58 元；样品适合周长为 15.5 厘米的手腕。

绳结组成： 包芯金刚结（P35）、单结（P36）、双向平结（P39）、凤尾结（P41）、双线纽扣结（P44）。

配件与工具使用方法： 皮尺的使用方法（P22）、打火机的使用方法（P22）、串珠钢丝的使用方法（P23）。

制作方法

① 将4根线并排。

② 运用串珠钢丝将4根线穿入貔貅，并将貔貅移至线绳中间。

③ 在貔貅的两侧各编一个纽扣结，注意两端线的长度一致。

④ 在纽扣结的两侧各穿上一颗银色隔珠。

⑤ 在左侧线编一个单结，防止右侧线在编织金刚结时，因拉扯绳子使两端的线长短不一。

⑥ 右侧玉线包住4号线，编织长5.3厘米的包芯金刚结。解开左侧的单结，编织5.3厘米的包芯金刚结。

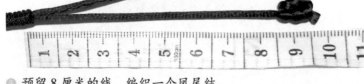

⑦ 剪去多余的线，并烧一下线头。

⑧ 预留8厘米的线，编织一个凤尾结。

⑨ 重复步骤8，将另外3根4号线的末端各编织一个凤尾结。

⑩ 将4根线交叉，在中间编织一个活扣。

⑪ 适当调整活扣的位置，手链制作完成。

专家提醒

　　遇到需要直接在物体（如隔珠）侧边编织结体（如金刚结）的情况时，可以先编织出2~3个，再将结体调整至靠近物体，可以使结体更整齐匀称。

6

巧用珠子
——多彩珠子的点睛之美

在制作手链时，可以运用不同的珠子来点缀手链。珠子相较于金属颜色更为绚丽，恰当使用可以提升手链的档次。

068 洛丽

黑色的花朵蕾丝，温润的原色珍珠，满满的洛丽塔风。

难易度　★ ★ ☆ ☆ ☆

材　　料：线材——长 14.5 厘米，直径为 10 毫米的黑色花朵蕾丝 1 条。

　　　　　金属配件——26 毫米银色 T 针 1 根；12 毫米银色龙虾扣 1 个；5 毫米银色花托两个；5 毫米银色连接圈 1 个；长 4 厘米，直径为 4 毫米的银色延长链 4 厘米 1 条。

　　　　　玉石珠——直径为 12 毫米的原色珍珠 1 颗。

价格与尺寸： 参考成本价 2 元，参考零售价 5 元；样品适合周长为 15.5 厘米的手腕。

绳结组成： 无。

配件与工具使用方法： 尖嘴钳的使用方法（P21）、连接圈的使用方法（P25）、T 针的使用方法（P25）、链条的使用方法（P27）、龙虾扣的使用方法（P27）、马夹扣的使用方法（P27）。

制作方法

① 选择龙虾扣、连接圈和马夹扣各一个。

② 用连接圈连接龙虾扣与马夹扣。

③ 选择另一个马夹扣，并连接一条银色延长链。

④ 用T针分别穿入花托、珍珠和另一个花托，用尖嘴钳夹住T针四分之一左右的位置。

⑤ 用尖嘴钳将T针弯曲成水滴圈。

⑥ 所有配件准备完成。

⑦ 用连接了龙虾扣的马夹扣夹住蕾丝的左侧。

⑧ 用连接了链条的马夹扣夹住蕾丝的右侧。

⑨ 用尖嘴钳将弯曲成圈的T针夹开。

⑩ 将蕾丝对折，找到最中间的花朵，将珍珠挂在花朵上。

⑪ 用尖嘴钳将水滴圈合拢，形成一个封闭的圈。

⑫ 将手链弯曲成圈，用龙虾扣扣住链条，手链制作完成。

069 微海

清澈透明的蓝琉璃有着干净的颜色，仿佛在琉璃中有一片微缩的海洋，正有无数鱼儿在欢畅游动。

难易度 ★ ☆ ☆ ☆ ☆

材　　料：线材——长 34 厘米，直径为 1 毫米的深棕色蜡线 1 根。
　　　　　金属配件——直径为 4 毫米的古铜色珠子两颗。
　　　　　琉璃珠——直径为 12 毫米的蓝色琉璃珠 1 颗。

价格与尺寸：参考成本价 3 元，参考零售价 12.5 元；样品适合周长为 15~15.5 厘米的手腕。

绳结组成：秘鲁结（P52）。

配件与工具使用方法：打火机的使用方法（P22）、串珠钢丝的使用方法（P23）。

制作方法

① 用打火机烧一下棕色蜡线
两端的线头。

② 依次穿上古铜色珠子、琉璃
珠子和另一个古铜色珠子。

③ 将3颗珠子移至蜡线中间，
并将两端的线交叠。

④ 选择左侧的蜡线，准备编织
秘鲁结。

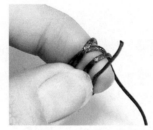

⑤ 将带线头一端的蜡线包住另
一根蜡线，并绕食指两圈。

⑥ 将线头从线圈的左侧穿过去。

⑦ 拉扯两端的绳子，慢慢收
紧绳结。

⑧ 剪去多余的线，用打火机
烧线头，并编织出另一个
秘鲁结。

⑨ 适当调整两个秘鲁结的位
置，手链制作完成。

专家提醒

　　琉璃也称为琉璃，主要是将多种颜色的人造水晶在一千多度的高温下烧制而成。琉璃最大
的特点是晶莹剔透、光彩夺目。在手链中适当运用琉璃珠，会有画龙点睛之效。

070 簇水

碧色的水被善思的匠人们以高超的技艺浓缩在一颗小小的珠子上，铸成了这美丽的冰裂瓷珠。

难易度 ★ ★ ★ ☆ ☆

材　　料：线材——长66厘米，直径为1毫米的白色蜡线1根；长66厘米，直径为1毫米的绿色蜡线1根。

　　　　　陶瓷珠——直径为12毫米的绿色冰裂瓷珠4颗。

价格与尺寸： 参考成本价3元，参考零售价8元；样品适合周长为15.5厘米的手腕。

绳结组成： 蛇结（P33）、双联结（P37）。

配件与工具使用方法： 皮尺的使用方法（P22）、打火机的使用方法（P22）。

制作方法

① 将两根蜡线对折，并编织出一个双联结。

② 留出1厘米的线圈。

③ 在离第一个双联结5厘米的地方编织出两个蛇结。

④ 按顺序将绿色冰裂瓷珠穿到蜡线上。

⑤ 在瓷珠的右侧编织两个蛇结，瓷珠中间的线可以留得松散一些。

⑥ 在离两个蛇结5厘米地方编织出一个双联结。

⑦ 在距双联结1厘米处，再次编织一个双联结。

⑧ 剪去多余的蜡线，用打火机烧线头。

⑨ 将手链弯曲成圈，用线圈套住双联结，手链制作完成。

专家提醒

在使用多根不同颜色的线编织结体时，一定要注意保持线的平行，否则编织出来的多个结体的颜色都会不一样，影响手链的美观度。

071 惜芳菲

春天缓缓来到，百花齐放，芳菲浪漫，娇柔绚丽，让人无限怜爱。

难易度 ★★★☆☆

材　　料：线材——长 13.5 厘米，直径为 1 毫米的深棕色蜡线 3 根。

金属配件——12 毫米古铜色大孔金属配件 3 个；12 毫米古铜色龙虾扣 1 个；6 毫米古铜色马夹扣两个；5 毫米古铜色连接圈 1 个；长 4 厘米，直径为 4 毫米的古铜色延长链 1 条。

瓷珠——直径为 10 毫米的彩色瓷珠 6 颗。

价格与尺寸：参考成本价 4 元，参考零售价 12 元；样品适合周长为 14~16 厘米的手腕。

绳结组成：无。

配件与工具使用方法：尖嘴钳的使用方法（P21）、连接圈的使用方法（P25）、链条的使用方法（P27）、龙虾扣的使用方法（P27）、马夹扣的使用方法（P27）。

① 3根线并排，用一个马夹扣固定住3根线左侧。

② 选择一个大孔金属配件从3根线的右侧穿上去，并将配件移至左侧。

③ 选择3颗彩色瓷珠，分别从3根线依次穿入。

④ 选择一个大孔金属配件，重复步骤2的操作。

⑤ 再将3根线分别穿上3颗彩色瓷珠后，将3根线一同穿上一个大孔金属配件。

⑥ 用一个马夹扣固定住右侧的线头，注意线的顺序要与左侧一致。

⑦ 在右侧用一个连接圈连接一个龙虾扣。

⑧ 将手链旋转180度，在右侧连接一条延长链，将手链弯曲成圈，用龙虾扣扣住链条，手链制作完成。

072 莳花

小小的白色花朵，有着娇嫩的花蕊，静静地开放在石头上。

难易度 ★ ★ ☆ ☆ ☆

材　　料：线材——长40厘米，直径为1毫米的米色三股蜡线1根；长40厘米，直径为1毫米的绿色三股蜡线1根。

金属配件——6毫米银色铃铛1个；5毫米银色连接圈1个；4毫米金色珠子两个。

陶瓷珠——直径为23毫米的陶瓷石花吊坠1个；直径为6毫米的粉色瓷珠1颗。

价格与尺寸：参考成本价4元，参考零售价12元；样品适合周长为14~16厘米的手腕。

绳结组成：单结（P36）、秘鲁结（P52）。

配件与工具使用方法：尖嘴钳的使用方法（P21）、皮尺的使用方法（P22）、打火机的使用方法（P22）。

制作方法

① 将两根三股蜡线对折，在距中点5毫米的位置编织一个单结。

② 用连接圈连接石花吊坠，并穿入绿色的三股蜡线。

③ 将吊坠移至中点，并在距中点5毫米的右侧编织一个单结。

④ 在吊坠左侧的米色蜡线上穿上一个银色铃铛，留2厘米的线并编织一个单结。

⑤ 在吊坠右侧的两根线上穿上一颗粉色瓷珠，留2厘米的线编一个单结。

⑥ 在线的两端分别穿上一颗金色的珠子。

⑦ 将两端的线交叠摆放，选择其中一端线头编织一个秘鲁结。

⑧ 剪去多余的线，用打火机烧线头，另一端的线头同样编织一个秘鲁结。

⑨ 适当调整两个秘鲁结的位置，手链制作完成。

专家提醒

在烧三股蜡线的线头时需要很小心，因为三股蜡线是纯棉的线，特别容易燃烧，所以烧线头后需要立即将线头上的火苗熄灭。

073 撷芳

在花朵最娇艳的时候，将它封存在玻璃中，愿你看见它时，能记起我们都是自然的孩子。

难易度 ★ ★ ☆ ☆ ☆

材　　料：线材——长 15.5 厘米，直径为 1 毫米的米白色蜡线两根。

金属配件——12 毫米银色龙虾扣 1 个；8 毫米银色夹片两个；6 毫米银色铃铛 1 个；5 毫米银色连接圈两个；4 毫米银色珠子 12 个；长 4 厘米，直径为 4 毫米的银色延长链 1 根。

玻璃珠——直径为 25 毫米的粉色干花玻璃球吊坠 1 个。

陶瓷珠——直径为 6 毫米的粉色瓷珠 4 颗。

价格与尺寸：参考成本价 5 元，参考零售价 15.5 元；样品适合周长为 14~16 厘米的手腕。

绳结组成：无。

配件与工具使用方法：尖嘴钳的使用方法（P21）、打火机的使用方法（P22）、连接圈的使用方法（P25）、链条的使用方法（P27）、龙虾扣的使用方法（P27）。

制作方法

① 取两根米白色蜡线，烧一下线头，用夹片夹住左侧线头。

② 将上方的线穿上两颗银珠，将两根线同时穿上一颗粉色瓷珠。

③ 将下方的线穿上两颗银珠，然后将两根线同时穿上一颗粉色瓷珠。

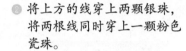

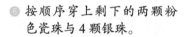

④ 用连接圈连接一个龙虾扣，再用另一个连接圈连接一条延长链，在延长链尾端连接一个铃铛。

⑤ 将上方的线穿上两颗银珠，然后将两根线同时穿上玻璃球吊坠，接着将上方的线再次穿上两颗银珠。

⑥ 按顺序穿上剩下的两颗粉色瓷珠与4颗银珠。

⑦ 燃烧线头，用一个夹片夹住右侧线头。

⑧ 用左端的夹片连接延长链，右端的夹片连接龙虾扣。

⑨ 将手链弯曲成圈，用龙虾扣扣住链条，手链制作完成。

专家提醒

　　在使用金属时，如用延长链条连接铃铛，或用连接圈连接龙虾扣等，要注意保持手的干爽，否则容易打滑，造成意外。

074 柔雪

雪是温柔的，它缓缓地从空中飘落，看遍人间的喜怒哀乐，又安静地落在地上。

难易度 ★ ★ ★ ☆ ☆

材　　料: 线材——长12厘米，直径为1毫米的蓝色蜡线1根。

金属配件——21毫米银色雪花吊坠1个；20毫米银色T针两根；12毫米银色龙虾扣1个；8毫米银色夹片两个；7毫米银色花托两个；6毫米银色铃铛两个；5毫米银色连接圈5个；长4厘米，直径为4毫米的银色延长链1条；长12.5厘米，直径为2毫米的银色链条1条。

陶瓷珠——直径为6毫米的浅蓝色瓷珠两颗。

价格与尺寸: 参考成本价3.5元，参考零售价15.6元；样品适合周长为14~16厘米的手腕。

绳结组成: 无。

配件与工具使用方法: 尖嘴钳的使用方法（P21）、皮尺的使用方法（P22）、打火机的使用方法（P22）、连接圈的使用方法（P25）、T针的使用方法（P25）、链条的使用方法（P27）、龙虾扣的使用方法（P27）。

制作方法

① 用20毫米的T针将花托与瓷珠按顺序穿起来。

② 用尖嘴钳夹住T针的末端，位置稍微靠后，弯成的圈要比较大。

③ 将T针剩余长度全部弯曲，并适当调整，使9字圈的形状更美观。

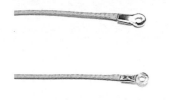

④ 用打火机燃烧线头，用夹片将蜡线的两端夹住。

⑤ 将2毫米链条的左右两端与蜡线对齐，左侧连接延长线，右侧连接龙虾扣。

⑥ 将手链对折，找到手链中间位置。在中间位置用连接圈将雪花吊坠固定在手链上，连接圈需要穿过链条上的孔，并包住蜡线。

⑦ 在雪花吊坠的左右两侧隔2厘米处各挂一颗浅蓝色瓷珠，在距瓷珠2厘米处各挂一个铃铛。

⑧ 将手链弯曲成圈，用龙虾扣扣住链条，手链制作完成。

075 心晴

在晴朗的日子里，悠闲地捧一本书，倒上一杯好茶。细细品，慢慢看，似乎心情也变得与天气一样了。

难易度 ★ ★ ★ ☆ ☆

材　　料：线材——长 15.5 厘米，直径为 3 毫米的粉色绒皮绳 1 根；长 15.5 厘米，直径为 3 毫米的蓝色绒皮绳两根。

金属配件——26 毫米银色 T 针 3 根；15 毫米银色花朵吊坠 1 个；12 毫米银色龙虾扣 1 个；5 毫米银色马夹扣两个；5 毫米银色铃铛两个；5 毫米银色连接圈 6 个；长 4 厘米，直径为 4 毫米的银色延长链 1 条；3 毫米银色隔片 3 个。

陶瓷珠——直径为 6 毫米的彩色瓷珠 3 颗。

价格与尺寸： 参考成本价 3 元，参考零售价 19.9 元；样品适合周长为 14~16 厘米的手腕。

绳结组成： 三股辫（P31）。

配件与工具使用方法： 尖嘴钳的使用方法（P21）、连接圈的使用方法（P25）、T 针的使用方法（P25）、链条的使用方法（P27）、龙虾扣的使用方法（P27）、马夹扣的使用方法（P27）。

制作方法

① 用连接圈分别连接延长链与马夹扣，龙虾扣与马夹扣。

② 将3根绒皮绳并排放，用连接了延长链的马夹扣夹住。

③ 用绒皮绳开始编织三股辫，可以编得稍微松散一点。

④ 继续编织直至结尾处，留出约8毫米的线头。

⑤ 用连接了龙虾扣的马夹扣夹住绒皮绳线头。

⑥ 分别取T针、隔片与粉色瓷珠各一个。

⑦ 按顺序用T针穿入隔片与粉色瓷珠，用尖嘴钳将T针末端夹成水滴圈。

⑧ 重复步骤6~7，将另外两颗瓷珠也用T针穿过并弯曲T针的末端。

⑨ 用连接圈连接花朵与粉色瓷珠。取两个连接圈分别连接粉色瓷珠与铃铛，绿色瓷珠与铃铛。

⑩ 将编好的三股辫对折，找到中间的线圈。

⑪ 用连接圈连接手链中间的线圈与花朵吊坠，并在吊坠两侧隔一个线圈的位置分别连接另外两颗瓷珠。

⑫ 将手链弯曲成圈，用龙虾扣扣住链条，手链制作完成。

076 追寻

他一直在默默地追寻着她，帮助她。尽管她并不怎么在意他，但是他仍是看着她，一直一直……

难易度 ★★★☆☆

材　　料：线材——长 40 厘米，直径为 1 毫米的浅驼色蜡线两根；长 17 厘米，直径为 1 毫米的
　　　　　浅驼色蜡线 1 根；长 20 厘米，直径为 1 毫米的浅蓝色玉线 1 根。
　　　　　金属配件——直径为 5 毫米的古铜色铃铛两个。
　　　　　陶瓷珠——长 17 毫米的卡通陶瓷 1 个；直径为 6 毫米的浅蓝色瓷珠 1 颗。

价格与尺寸： 参考成本价 4 元，参考零售价 12.5 元；样品适合周长为 14.5~15.5 厘米的手腕。

绳结组成： 蛇结（P33）、单结（P36）、双向平结（P39）、绕线（P53）。

配件与工具使用方法： 尖嘴钳的使用方法（P21）、皮尺的使用方法（P22）、打火机的使用方法（P22）。

制 作 方 法

① 烧一下两根40厘米长的浅驼色蜡线的线头，在左端编一个单结。

② 留出11厘米的线，作为手链的延长绳。

③ 从第11厘米的位置开始，编织4个蛇结，上方的线穿上浅蓝色瓷珠。

④ 再编两个蛇结，穿上卡通陶瓷，再编3个蛇结。

⑤ 浅蓝色玉线从2.5厘米处对折。

⑥ 将手链放置180度，将浅蓝色玉线压在蜡线上，蛇结的左侧选择玉线较长的一端绕线，注意右侧要留出一点线头。

⑦ 绕出5毫米线后，穿上两个古铜色铃铛，并继续绕1厘米的线。

⑧ 将左侧的线头穿过留出的线圈，用尖嘴钳夹出右侧的线头，收紧绳子，完成绕线。

⑨ 再次将手链旋转180度，剪去多余的玉线，用打火机把线头熔烧。

⑩ 在手链左端编一个单结，取17厘米浅驼色蜡线编织一个活扣。

⑪ 适当调整活扣的位置，手链制作完成。

077 红叶

秋日的红叶，最惹人喜爱的，那灿烂的颜色比二月的红花还要更甚一分。

难易度 ★ ★ ★ ☆ ☆

材　　料：线材——长 85 厘米，直径为 1 毫米的棕色蜡线 1 根。

　　　　　金属配件——19 毫米古铜色叶子吊坠 3 个；8 毫米古铜色铃铛 3 个；5 毫米古铜色连接圈 3 个。

　　　　　陶瓷珠——直径为 6 毫米的红色瓷珠 8 颗。

价格与尺寸： 参考成本价 4 元，参考零售价 15.5 元；样品适合周长为 15 厘米的手腕。

绳结组成： 单结（P36）、秘鲁结（P52）。

配件与工具使用方法： 尖嘴钳的使用方法（P21）、皮尺的使用方法（P22）、打火机的使用方法（P22）、连接圈的使用方法（P25）。

制作方法

① 在 85 厘米的棕色蜡线的左端编织一个秘鲁结。

② 剪去多余的线并烧线头，调整线圈至合适大小。

③ 用 3 个连接圈连接 3 个古铜色叶子吊坠。

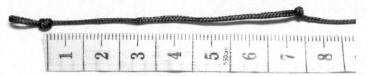

④ 在秘鲁结右侧 6.8 厘米处编织一个单结。

⑤ 从蜡线右侧分别穿上红色瓷珠、叶子吊坠和另一个红色瓷珠，并编织一个单结。

⑥ 在红色瓷珠右侧 12.1 厘米处，编织一个单结。

⑦ 穿入红色瓷珠与铃铛，将铃铛穿在单结的线圈上，以防铃铛移动。

6.8cm — **12.1cm** — **7.4cm** — **10.4cm** — **7.4cm** — **10.4cm**

⑧ 收紧单结，如图所示预留适当长短的线，并穿入红色瓷珠与铃铛。

⑨ 在蜡线的右端末尾处编织一个单结，在单结的线圈上穿上一个铃铛。

⑩ 剪去多余的线并烧线头。

⑪ 将手链绕 4 圈，将左端的线圈套住铃铛，手链制作完成。

078 深林

在那森林的最深处，有着一群精灵，它们享受着最清澈的泉水与最自由的生活。

难易度 ★ ★ ★ ☆ ☆

材　　料：线材——长 52 厘米，直径为 1 毫米的浅棕色蜡线两根；长 17 厘米，直径为 1 毫米的浅棕色蜡线 1 根。

金属配件——长 37 毫米古铜色麋鹿吊坠 1 个；直径为 7 毫米的古铜色连接圈 1 个；直径为 5 毫米的古铜色铃铛 6 个。

陶瓷珠——直径为 6 毫米的绿底洒蓝釉瓷珠 16 颗。

价格与尺寸：参考成本价 3 元，参考零售价 19.9 元；样品适合周长为 14~16 厘米的手腕。

绳结组成：蛇结（P33）、双向平结（P39）。

配件与工具使用方法：尖嘴钳的使用方法（P21）、打火机的使用方法（P22）。

制作方法

① 取两根 52 厘米浅棕色蜡线并排摆放。在上方的线穿上两颗洒蓝釉瓷珠，并将瓷珠移至线段中间。

② 在瓷珠的两侧各编一个蛇结。

③ 在手链右侧上方的线穿上两颗洒蓝釉瓷珠，下方的线穿上一个铃铛，再编织两个蛇结。

④ 重复两遍步骤 3 后，在第 4 组瓷珠右侧编织 5 个蛇结。

⑤ 在手链左侧，重复步骤 3~4。

⑥ 将手链绕成一个圈状，在手链左右两端重合的地方，用 17 厘米的浅棕色蜡线编织出一个活扣。

⑦ 在手链左右两端各穿上一颗瓷珠，可以预留 6 毫米左右的线头作为堵口用。

⑧ 用打火机烧线头，并迅速按压在桌面，使线头形成一个堵口。

⑨ 用连接圈连接麋鹿吊坠。

⑩ 将吊坠连接在手链中间。

⑪ 适当调整活扣的位置，手链制作完成。

079 千丝

千根丝，万根线，丝丝缕缕，萦绕心头。

难易度 ★ ★ ★ ★ ★

材　　料：线材——长62厘米，直径为1毫米的红色玉线两根；长42厘米，直径为1毫米的红色玉线两根；长20厘米，直径为1毫米的红色玉线1根。

金属配件——直径为25毫米的金色铃铛1个；长10毫米的金色龙虾扣1个；直径为6毫米的金色圆珠吊坠1个；内径5毫米金色砝码扣两个；直径为5毫米的金色连接圈3个；长4厘米，直径为4毫米的金色延长链1条；直径为4毫米的金色珠子4颗；直径为3毫米的金色算盘珠6颗。

玉石珠——直径为8毫米的酒红石榴石1颗；直径为6毫米的酒红石榴石3颗。

其他——B-6000胶水。

价格与尺寸：参考成本价20元，参考零售价98元；样品适合周长为14~16厘米的手腕。

绳结组成：单结（P36）、玉米结圆编（P47）。

配件与工具使用方法：尖嘴钳的使用方法（P21）、皮尺的使用方法（P22）、打火机的使用方法（P22）、串珠钢丝的使用方法（P23）、镊子的使用方法（P24）、连接圈的使用方法（P25）、链条的使用方法（P27）、龙虾扣的使用方法（P27）、吊桶扣的使用方法（P28）。

制作方法

① 选择 20 厘米的红色玉线，和直径为 0.3 毫米的细钢丝，烧玉线的线头。

② 将钢丝穿过玉线并对折，此处可以将玉线放在手指上来穿钢丝，但要小心钢丝扎到手。

③ 选择两颗金色算盘珠与 1 颗直径为 8 毫米的石榴石。

④ 用钢丝将盘珠与石榴石引至红色玉线上。

⑤ 穿上两颗直径为 4 毫米的金珠后，再穿上金色铃铛。

⑥ 穿上两颗直径为 4 毫米的金珠。

⑦ 按顺序穿上 4 颗算盘珠与 3 颗直径为 6 毫米的石榴石。

⑧ 用玉线编织一个单结，防止算盘珠与石榴石掉落。

⑨ 取两根长 62 厘米的红色玉线对折，编织一个玉米结。

  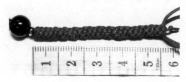

⑩ 用镊子将直径为8毫米的石榴石一侧的线穿入玉米结，作为芯线。

⑪ 继续编织玉米结，注意要保持芯线始终在玉米结中间位置。

⑫ 编织出长5厘米的玉米结，并在芯线末端编织一个单结。

⑬ 选择另一端芯线，取两根长42厘米的红色玉线对折，重复步骤9~11，编织出长3.5厘米的玉米结。

⑭ 适当用尖嘴钳拉扯芯线，调整玉米结的位置，剪去多余的线，并烧一下玉米结四周的线头。

⑮ 烧单结线头，将线头融合在一起，另一端同样处理。

⑯ 用连接圈分别连砝码扣与龙虾扣、砝码扣与延长链，再在延长链末端连接一个金色圆珠吊坠。

⑰ 用胶水将两个砝码扣分别粘在玉米结的两个线头上。

⑱ 将手链弯曲成圈，用龙虾扣扣住链条，手链制作完成。

串珠篇

纯色珠子
——单色珠子的纯粹之美

常用的珠子分为几大类：天然玉石、陶瓷珠子、琉璃珠子、木质珠子和果实珠子等。这些珠子都有各自独特的魅力，仅凭一种珠子，就可以制作出一串精美的手链。

080 **天河**

深棕色的编织皮绳，静静地展现着它独特的优雅。

难易度 ★ ★ ☆ ☆ ☆

材　　料：线材——长65厘米，直径为1毫米的白色弹力线1根。

玉石珠——直径为1厘米的青色天河石19颗。

价格与尺寸：参考成本价14元，参考零售价35元；样品适合周长为15.5厘米的手腕。

绳结组成：单结（P36）。

配件与工具使用方法：串珠钢丝的使用方法（P23）。

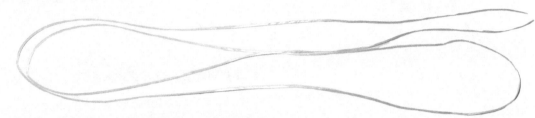

❶ 将弹力线对折两次，左侧为双耳，右侧为单耳。

❷ 用串珠钢丝穿过左侧双耳，并在串珠钢丝上穿 4 颗天河石。

❸ 将天河石推至弹力线上，并把珠子移至弹力线右侧，注意要留一点线，不要扯过头了。

❹ 重复步骤 2~3，将所有珠子都穿到弹力线上。

❺ 将左侧双耳的弹力线扯出一小段来。

❻ 把串珠钢丝穿到右侧单耳上。

❼ 将串珠钢丝穿过双耳。

❽ 将线引过去，单耳穿过双耳。

❾ 将双耳一端的一颗珠子移至另一侧。

❿ 继续将珠子移至另一侧。

⓫ 重复步骤9，移动所有的珠子，单耳一侧将多出一小段线。

⓬ 拉扯单耳，并收紧绳子。

⓭ 编织两个单结，适当拉扯绳子，让结体收得更加紧实。

⓮ 剪去多余的绳子，留出5毫米的线头。移动珠子，将单结收进珠子的孔道，手链制作完成。

081 安石

人们常将黑曜石制成各种饰品与摆件，用于佩带或放置于家中。

难易度 ★ ★ ☆ ☆ ☆

材　　料：线材——长 65 厘米，直径为 1 毫米的黑色弹力线 1 根。

玉石珠——直径为 1 厘米的黑曜石 18 颗。

价格与尺寸：参考成本价 7 元，参考零售价 10 元；样品适合周长为 15.5 厘米的手腕。

绳结组成：单结（P36）。

配件与工具使用方法：串珠钢丝的使用方法（P23）。

制作方法

❶ 将黑色弹力线对折两次，用串珠钢丝穿过弹力线的双耳，并穿上一颗黑曜石。

❷ 将黑曜石推至弹力线上，并把珠子移至靠近弹力线的单耳一侧。

❸ 用串珠钢丝穿上3颗黑曜石，并将黑曜石推至弹力线单耳一侧。

❹ 重复步骤3，将所有的黑曜石全部穿到弹力线上。

❺ 将串珠钢丝穿过另一侧的单耳，把单耳从双耳中引出来。

❻ 将双耳一侧的黑曜石移至单耳一侧。

❼ 重复步骤6，将所有的黑曜石全部移至单耳一侧，单耳一侧将多出一小段线。

❽ 拉紧单耳一侧的弹力线，用单耳与两根线编两个单结。

❾ 剪去多余的线，留出5毫米的线头，并将单结与线头收进珠子的孔道，手链制作完成。

专家提醒

　　编织完单结后，不要因为怕线头松散而留太长的线头，这样会使隐藏线头的那部分珠子变得非常紧实，影响手链整体的美观。

082　龙凤呈祥

在中国，龙与凤是吉祥的象征。龙凤呈祥是用来形容夫妻间比翼双飞、恩爱相随的忠贞爱情。

难易度　★ ★ ☆ ☆ ☆

材　　料：线材——长 16 厘米，直径为 1.5 毫米的黑色包芯弹力线 1 根。

　　　　　其他珠——直径为 19 毫米的棕色雕刻龙凤珠 11 颗。

价格与尺寸：参考成本价 2 元，参考零售价 26 元；样品适合周长为 16 厘米的手腕。

绳结组成：单结（P36）。

配件与工具使用方法：串珠钢丝的使用方法（P23）。

制作方法

❶ 龙凤珠的材料是树脂，珠子比较大，两头的孔一大一小。

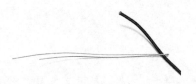

❷ 将包芯弹力线穿过串珠钢丝的线圈。

❸ 将串珠钢丝从龙凤珠孔较大的一侧穿进去。

❹ 将龙凤珠移至包芯弹力线上。

❺ 继续穿上两颗龙凤珠，注意都是从孔较大的一侧穿进去。

❻ 将龙凤珠移至包芯弹力线上，小心不要将珠子推出线外。

❼ 将所有的龙凤珠穿到包芯弹力线上。穿到最后3颗时，用右手无名指夹住另一端的线头，防止珠子掉落，再继续穿剩下的珠子。

❽ 将绳子拉紧一些，并用包芯弹力线的两端编织出一个单结。

❾ 剪去多余的线，预留8毫米的线头，将线头收进珠子孔较大的一侧，手链制作完成。

083 相思

红豆生南国，春来发几枝。愿君多采撷，此物最相思。

——王维〔唐〕

难易度 ★ ★ ★ ☆ ☆

材　　料：线材——长43厘米，直径为1毫米的红色玉线1根；长10厘米，直径为1毫米的红
　　　　　色玉线1根。
　　　　　果实珠——宽8~12毫米的红豆11颗。

价格与尺寸：参考成本价7元，参考零售价29.9元；样品适合周长为14~16厘米的手腕。

绳结组成：单结（P36）、双向平结（P39）。

配件与工具使用方法：皮尺的使用方法（P22）、打火机的使用方法（P22）。

制作方法

① 取一根长43厘米的玉线，并用打火机烧线头，再将线头拧至尖锐。

② 用玉线穿上一颗红豆。

③ 将红豆移至玉线中间的位置，并分别在红豆两侧各编一个单结。

④ 从玉线的右侧再次穿上一颗红豆。

⑤ 编一个单结，继续穿上3颗红豆，每穿上一颗红豆编一个单结。

⑥ 选择一颗红豆，注意与最中间的红豆轮廓一致。

⑦ 从玉线左侧穿上红豆。

⑧ 从左侧编一个单结，继续穿上3颗红豆，每穿上一颗红豆编一个单结。天然红豆近似圆角三角形，编织时需注意保持形状与大小的统一。

 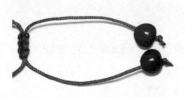 

⑨ 将手链环成一个圈，在手链两端重叠的地方用10厘米的玉线做一个活扣。剪去多余的线，并用打火机烧线头。

⑩ 在两根线的末端各穿上一颗红豆，编一个单结并烧线头。

⑪ 适当调整活扣的位置，手链制作完成。

084 敛雅

金丝楠木是一种珍贵的木材，木纹纹理高贵淡雅，尊贵内敛，在历史上有很高的地位。

难易度 ★ ★ ★ ★ ★

材　　料：线材——长76厘米，直径为1毫米的深棕色包芯弹力线1根。

木珠——直径为18毫米的金丝楠木珠12颗；直径为18毫米的金丝楠木三通珠1颗；

直径为12毫米的金丝楠木佛塔珠1颗。

价格与尺寸：参考成本价7元，参考零售价39元；样品适合周长为16.5厘米的手腕。

绳结组成：吉祥结（P51）。

配件与工具使用方法：串珠钢丝的使用方法（P23）。

制作方法

① 用串珠钢丝穿过包芯弹力线对折所形成的线圈，并穿上一颗珠子。

② 将珠子推至弹力线上。

③ 在串珠钢丝上穿上两颗珠子。

④ 继续将珠子推至弹力线上，小心不要推过头。

⑤ 将所有的珠子全部穿到弹力线上，并调整珠子位置使两端线的长短一致。

⑥ 用细串珠钢丝对折并插入三通珠，用粗的串珠钢丝将弹力线引过去。

⑦ 将另一侧的两根线穿过弹力线的单耳，拉扯细钢丝，将弹力线引出来。

⑧ 拉扯单耳，将线引出三通珠，调整两端的线，使弹力线线圈隐藏至三通珠内，并穿入佛塔珠。

⑨ 用包芯弹力线先编织出吉祥结的一面，收紧并调整结体。

⑩ 编织出吉祥结的另一面，预留2厘米的线，编织8字结。

⑪ 留出5毫米的线头，并剪去多余的包芯弹力线。

⑫ 适当调整各珠子的间距，使珠子的分布变得匀称，手链制作完成。

8

大小差异
——不同大小的韵律之美

一般的玉石类珠子直径通常是 3~20 毫米，3~8 毫米的珠子可做成多圈手链，12~20 毫米的珠子通常作为点缀。灵活运用不同大小的珠子，可以使手链具有独特的魅力。

085 本命

在传统习俗中，人们在本命年里习惯将一样红色的东西带在身上。

难易度 ★ ★ ☆ ☆ ☆

材　　料：线材——长 65 厘米，直径为 1 毫米的红色弹力线 1 根。
　　　　　玉石珠——直径为 12 毫米的烫金生肖红色玛瑙 1 颗；直径为 8 毫米的红色玛瑙 19 颗。
价格与尺寸：参考成本价 18.5 元，参考零售价 89 元；样品适合周长为 15.5 厘米的手腕。
绳结组成：单结（P36）。
配件与工具使用方法：串珠钢丝的使用方法（P23）。

制作方法

① 将弹力线对折两次，用串珠
钢丝穿过弹力线弯折形成的
线圈，并穿上一颗红玛瑙。

② 将串珠钢丝上的红玛瑙移至弹
力线上，注意不要扯过头了。

③ 继续穿上 3 颗红玛瑙后，
穿上一颗生肖红玛瑙。

④ 将所有的红玛瑙全部穿到弹
力线上。

⑤ 将串珠钢丝穿过另一侧的单
耳，把单耳从双耳中引出来。

⑥ 将双耳一侧的红玛瑙移至
单耳一侧。

⑦ 重复步骤6，将所有的红玛
瑙全部移至单耳一侧，单
耳一侧将多出一小段线。

⑧ 拉扯单耳，将多出的线扯
出来，并用多出的两根线
和单耳编两个单结，然后
适当拉紧。

⑨ 剪去多余的线，留出 5 毫米的
线头，并将单结收进珠子的
孔道，手链制作完成。

086 少女心

粉嫩的迷你玉髓，小巧可爱的凯蒂猫吊坠，满足你的少女心。

难易度 ★ ★ ★ ☆ ☆

材　　料：线材——长 34 厘米，直径为 1 毫米的玫红色弹力线 1 根。

金属配件——长 26 毫米的银色圆头 T 针 1 根；宽 13 毫米的银色凯蒂猫吊坠 1 个；直径为 9 毫米的银色弹簧扣 1 个；直径为 5 毫米的银色连接圈 3 个；直径为 4 毫米的银色珠子 1 个；长 2.5 厘米，直径为 4 毫米的银色延长链 1 条。

玉石珠——直径为 10 毫米的粉色方块玉髓 1 颗；直径为 4 毫米的粉色玉髓 34 颗。

价格与尺寸：参考成本价 6 元，参考零售价 36 元；样品适合周长为 15.5 厘米的手腕。

绳结组成：单结（P36）。

配件与工具使用方法：尖嘴钳的使用方法（P21）、串珠钢丝的使用方法（P23）、连接圈的使用方法（P25）、T 针的使用方法（P25）、链条的使用方法（P27）、龙虾扣的使用方法（P27）。

制作方法

❶ 用圆头T针分别穿上方块玉与银珠，并将T针的剩余部分弯曲成9字圈。

❷ 用连接圈连接弹簧扣，再用另一个连接圈连接方块玉与延长链，在延长链尾端连接凯蒂猫吊坠。

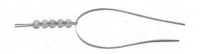

❸ 将弹力线对折，两端的线一长一短。用串珠钢丝穿过弹力线弯折形成的单耳，并穿上5颗粉玉髓。

❹ 将串珠钢丝上的粉玉髓移至弹力线上。

❺ 继续穿上适量的粉玉髓，但要注意右侧的线头不能缩进珠子的孔道中。

❻ 将连接了弹簧扣的连接圈穿过弹力线的单耳，并在连接圈接口处用尖嘴钳夹至交叉。

❼ 选择另一端的弹力线弯折，用串珠钢丝穿过弹力线弯折形成的线圈，并穿上5颗粉玉髓。

❽ 将串珠钢丝上的粉玉髓移至弹力线上，与另一端的玉髓相接。

❾ 将所有的玉髓全部穿到弹力线上，并在弹力线线圈处穿上连接了延长链的连接圈。

❿ 在穿珠时，一定要时刻注意另一侧的线头是否缩进珠子孔道。

⓫ 用手链中间的两根线编两个单结，剪去多余的线，将线头收进珠子孔道。

⓬ 将手链弯曲成圈，用弹簧扣扣住链条，手链制作完成。

087 皎珠

皎洁的月色温柔地洒在海面上。听，人们正在月下浅吟低唱。

难易度 ★ ★ ★ ☆ ☆

材　　料：线材——长 34 厘米，直径为 1 毫米的白色弹力线 1 根。

金属配件——长 26 毫米的金色 T 针 1 根；长 18 毫米的金色圆头 T 针 1 根；长 1 厘米金色圆头 T 针 1 根；直径为 9 毫米的金色弹簧扣 1 个；直径为 5 毫米的金色连接圈 3 个；长 4 厘米，直径为 4 毫米的金色延长链 1 条。

玉石珠——直径为 6 毫米的原色珍珠 1 颗；直径为 4 毫米的原色珍珠 42 颗。

价格与尺寸：参考成本价 18 元，参考零售价 69 元；样品适合周长为 14~16 厘米的手腕。

绳结组成：单结（P36）。

配件与工具使用方法：尖嘴钳的使用方法（P21）、串珠钢丝的使用方法（P23）、连接圈的使用方法（P25）、T 针的使用方法（P25）、链条的使用方法（P27）、龙虾扣的使用方法（P27）。

制作方法

❶ 将长1厘米的圆头T针穿上直径为4毫米的原色珍珠。

❷ 用尖嘴钳将圆头T针的末端弯曲成9字圈。

❸ 将T针穿上直径为6毫米的珍珠，用尖嘴钳夹住T针距针尾四分之一的位置。

❹ 将T针末端弯曲成水滴圈。将另一颗4毫米的珍珠同样穿到圆头T针上，并将T针末端弯曲成水滴圈。

❺ 将弯曲成9字圈的珍珠吊坠连接在延长链上，另一端连接一个连接圈。取弹簧扣连接的一个连接圈。

❻ 将弹力线对折，两端的线一长一短。用串珠钢丝将三分之一的珍珠穿到弹力线上，这是为了避免线头在手链中间。

❼ 在弹力线线圈处用连接圈连接弹簧扣，需要将连接圈接口处拧紧到交叉。

❽ 将弹力线较长的一端对折，形成新线圈，在此线圈上穿上4毫米的珍珠。

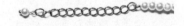

❾ 将剩下的珍珠穿到弹力线上，并在弹力线新的线圈处连接延长链。

❿ 取弹力线的线头编两个单结，剪去多余的线，并将线头收进珠子的孔道中。

⓫ 用连接圈连接两个带有水滴圈的珍珠吊坠，并将其挂在手链的中间位置。

⓬ 将手链弯曲成圈，用弹簧扣扣住延长链，手链制作完成。

088 万语

千言万语，尽在不言之中。

难易度 ★ ★ ★ ☆ ☆

材　　料：线材——长 34 厘米，直径为 1 毫米的白色弹力线 1 根。

金属配件——长 4 厘米的银色雕花弯管两根；长两厘米的银色圆头 T 针 1 根；宽 12 毫米银色吊坠环 1 个；直径为 1 厘米的银色花托 1 个；直径为 9 毫米的银色莲蓬吊坠 1 个；直径为 5 毫米的银色连接圈 1 个；直径为 4 毫米的银色珠子 11 颗。

玉石珠——直径为 8 毫米的蓝砂石 1 颗；直径为 6 毫米的蓝砂石 8 颗。

价格与尺寸：参考成本价 13 元，参考零售价 68 元；样品适合周长为 15 厘米的手腕。

绳结组成：单结（P36）。

配件与工具使用方法：尖嘴钳的使用方法（P21）、串珠钢丝的使用方法（P23）、连接圈的使用方法（P25）、T 针的使用方法（P25）。

制作方法

① 选择银色圆头T针、8毫米
蓝砂石和银色花托。

② 将圆头T针穿上蓝砂石与
花托，用尖嘴钳夹住T针
的末端。

③ 将圆头T针的末端弯曲成一
个9字圈，就做好了一个蓝
砂石吊坠。

④ 用一个连接圈将蓝砂石吊坠
与莲蓬吊坠连接。

⑤ 用这个连接圈再连接一个
银色吊坠环，并用尖嘴钳
夹合连接圈。

⑥ 将弹力线对折，用串珠钢
丝穿过弹力线线圈，并按
顺序穿上珠子。

⑦ 将蓝砂石与银珠都推至弹
力线上。

⑧ 按顺序穿上雕花弯管、银
珠和银色吊坠环，并推至
弹力线上。

⑨ 按顺序穿上银珠雕花弯管
和银珠，并推至弹力线上。

⑩ 按顺序穿上剩下的蓝砂石与
银珠，并将蓝砂石与银珠推
至弹力线上。

⑪ 将一根线头穿过单耳，再
用两端线头编两个单结。

⑫ 剪去多余的线，将线头收进
蓝砂石孔道，手链制作完成。

专家提醒

在剪线并隐藏线头时，尽量将线头隐藏进珠子的孔道，这样会比线头隐藏进银珠或弯管更紧实。

089 商乐

五音指中国五声音阶中的宫、商、角、徵、羽，五个音级。商，其声促以清。

难易度　★ ★ ★ ★ ☆

材　　料：金属配件——长 26 毫米的银色 9 针 12 根；长 12 毫米的银色龙虾扣 1 个；直径为 5
　　　　　毫米的银色连接圈 1 个。
　　　　　玉石珠——宽 6~8 毫米的白水晶碎石 12 颗。
价格与尺寸：参考成本价 5 元，参考零售价 59 元；样品适合周长为 15.5 厘米的手腕。
绳结组成：无。
配件与工具使用方法：尖嘴钳的使用方法(P21)、连接圈的使用方法(P25)、9 针的使用方法(P26)、
　　　　　　　　　　龙虾扣的使用方法（ P27 ）。

制作方法

① 选择一颗白水晶碎石与一根银色9针。

② 将9针穿入白水晶碎石，用尖嘴钳夹住9针的末端。

③ 将9针绕尖嘴钳旋转1圈半，使9针尾端弯曲成圈，弯曲时圆圈不需要在同一水平面。

④ 用尖嘴钳将9针尾端的圆圈夹至同一平面，并适当调整圆圈，使其形状更美观。

⑤ 将另一端的9字圈稍微打开一点，再将9字圈颈部弯曲部分用尖嘴钳夹直。

⑥ 重复步骤1~5，再用一根9针将白水晶碎石穿起来。

⑦ 打开其中一个9字圈，并将其连接在另一个白水晶碎石的末端。

⑧ 重复步骤1~5，再用一根9针穿起白水晶碎石，并连接之前已做好的9针末端。

⑨ 将剩余的白水晶碎石全部穿到9针上，并连接起来。

⑩ 用一个连接圈连接龙虾扣。

⑪ 将龙虾扣连接在白水晶碎石链条的一端的9字圈上。

⑫ 将手链弯曲成圈，用龙虾扣扣住最后一颗白水晶碎石末端，手链制作完成。

9

运用金属
——金属配件的雅致之美

金属配件有着耀眼的光泽，可以让人瞬间被吸引。而且它的可塑性比珠子的可塑性强很多，所以应用极为广泛，很多手链都会用到。

金色貔貅，带给你好运；粉色晶石，点缀你的温柔。

难易度 ★ ★ ☆ ☆ ☆

材　　料：线材——长 65 厘米，直径为 1 毫米的白色弹力线 1 根。

金属配件——长 2 厘米的金色貔貅 1 个；直径为 4 毫米的金色珠子两颗。

玉石珠——直径为 6 毫米的粉水晶 21 颗。

价格与尺寸： 参考成本价 10 元，参考零售价 59 元；样品适合周长为 15.5 厘米的手腕。

绳结组成： 单结（P36）。

配件与工具使用方法： 串珠钢丝的使用方法（P23）。

制作方法

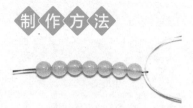

❶ 将弹力线对折两次，用串珠钢丝穿过弹力线的双耳，并穿上 7 颗粉水晶。

❷ 将粉水晶一颗一颗推至弹力线上，并移至单耳一侧。

❸ 先穿上一颗金珠，再穿上一颗粉水晶，再将金珠和粉水晶移至弹力线上。

❹ 将金色貔貅串到串珠钢丝上。

❺ 将其移至弹力线上。

❻ 按顺序穿上粉水晶与金珠。

❼ 将珠子推至弹力线上。

❽ 继续穿上多颗粉水晶。

❾ 将所有的粉水晶全部穿到弹力线上。

❿ 将串珠钢丝穿过单耳，并将单耳从双耳中引出来。

⓫ 移动粉水晶，将多余的弹力线扯出来，并用线编织两个单结。

⓬ 剪去多余的线，留出 5 毫米的线头，并将单结与线头收进珠子的孔道，手链制作完成。

091　红心女王

红心女王有着最美的容颜，最妖娆的身材和最火爆的脾气。

难易度　★ ★ ★ ☆ ☆

材　　料：线材——长 34 厘米，直径为 1 毫米的白色弹力线 1 根。

金属配件——宽 15 毫米的红色滴油爱心吊坠 1 个；直径为 9 毫米的银色弹簧扣 1 个；长 6 毫米的银色水滴吊坠 1 个；直径为 5 毫米的银色连接圈 3 个；直径为 4 毫米的银珠 38 颗；长 4 厘米，直径为 4 毫米的银色延长链 1 条。

价格与尺寸： 参考成本价 47 元，参考零售价 198 元；样品适合周长为 14.5~16 厘米的手腕。

绳结组成： 单结（P36）。

配件与工具使用方法： 尖嘴钳的使用方法（P21）、串珠钢丝的使用方法（P23）、连接圈的使用方法（P25）、链条的使用方法（P27）、龙虾扣的使用方法（P27）。

制作方法

① 用一个连接圈连接弹簧扣，再用另一个连接圈连接延长链，在延长链末端连接一个水滴吊坠。

② 将弹力线对折两次，在第二次对折后两端的线一长一短，用串珠钢丝穿上9颗银珠并移至弹力线上。

③ 在双耳线圈处用连接圈连接银色弹簧扣，连接圈接口处需要交叉，并将银珠移动至靠近连接圈。

④ 从弹力线的另一端将所有的银珠全部穿到线上，并在线圈处连接链条，连接圈接口需要夹紧，直至接口相互交叉。

⑤ 用两根线编织两个单结，并稍微用力拉扯线头，收紧绳结。

⑥ 剪去多余的线，留出8毫米的线头，并将线头收进银珠的孔道。

⑦ 用一个连接圈连接红心吊坠。

⑧ 将红心吊坠挂在手链的中间位置，连接圈接口处需夹紧，直至接口交叉。

⑨ 将手链弯曲成圈，用弹簧扣扣住延长链，手链制作完成。

专家提醒

　　在选择线时，应根据珠子孔道的直径来决定，如果珠子孔径较大，可以选用较粗的线，或者将线对折两次。需要注意的是，尽量不要将弹力线对折两次以上。

　　在穿比较小的珠子时，如果是将珠子放在盒子里，珠子容易跑，一颗一颗拿又太麻烦。此时可以将珠子倒在手心里，再用串珠钢丝来穿，这样可以节约更多时间。

092 青曳

青色的贵妃窑瓷珠，银色的雕花镂空树叶，轻轻地在手腕间摇曳。

难易度 ★ ★ ★ ☆ ☆

材　　料: 线材——长34厘米，直径为1毫米的白色弹力线1根。

金属配件——长4厘米的银色雕花弯管两根；长21毫米的银色叶子吊坠两个；直径为8毫米的银色吊坠环两个；直径为5毫米的银色连接圈两个。

陶瓷珠——6毫米贵妃窑瓷珠16颗。

价格与尺寸: 参考成本价2元，参考零售价5元；样品适合周长为15.5厘米的手腕。

绳结组成: 单结（P36）。

配件与工具使用方法: 尖嘴钳的使用方法（P21）、串珠钢丝的使用方法（P23）。

❶ 用连接圈连接吊坠环与叶子吊坠。

❷ 将弹力线对折，用串珠钢丝穿过弹力线的单耳，并穿上一根弯管。

❸ 将弯管推至弹力线的另一侧。

  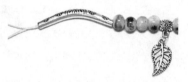

❹ 穿上4颗贵妃窑瓷珠后，再穿上连接了叶子吊坠的吊坠环。

❺ 再次穿上4颗贵妃窑瓷珠。

❻ 穿上一根雕花弯管。

❼ 穿上4颗贵妃窑瓷珠。

❽ 穿上吊坠环后，再穿入4颗贵妃窑瓷珠。穿珠子时，一定要时刻注意末端的弹力线是否缩进弯管中。

❾ 将另一侧的一根弹力线穿入单耳，并拉紧绳子。

❿ 用两根线编两个单结，剪去多余的线，将线头收进弯管中。

⓫ 适当调整各珠子的间距，使手链珠子间的距离变得匀称，手链制作完成。

专家提醒

因为瓷珠的孔道非常大，所以弹力线线头应收进弯管中。如果收进瓷珠孔道，线头会很容易露出来。

093 桃夭

桃之夭夭，灼灼其华。之子于归，宜其室家。

——《诗经·周南·桃夭》

难易度 ★ ★ ★ ☆ ☆

材　　料：线材——长 65 厘米，直径为 1 毫米的白色弹力线 1 根。

金属配件——长 3 厘米的银色弯管 4 根；直径为 9 毫米的银色弹簧扣 1 个；长 7 毫米的银色水滴吊坠 1 个；直径为 6 毫米的银色花托两个；直径为 5 毫米的银色连接圈两个；直径为 4 毫米的银色珠子 6 个；长 4 厘米，直径为 4 毫米的银色延长链 1 条。

玉石珠——直径为 10 毫米的粉色草莓晶 1 颗。

价格与尺寸： 参考成本价 14 元，参考零售价 65 元；样品适合周长为 14~16 厘米的手腕。

绳结组成： 单结（P36）。

配件与工具使用方法： 尖嘴钳的使用方法（P21）、串珠钢丝的使用方法（P23）、连接圈的使用方法（P25）、链条的使用方法（P27）、龙虾扣的使用方法（P27）。

制作方法

❶ 弹力线先对折一次，两端长度一致。再次对折弹力线，两端一长一短，并穿上银珠与弯管。

❷ 按顺序穿上一根弯管与一颗银珠，穿珠时需注意右侧的线头不要没入珠孔。

❸ 用一个连接圈连接弹簧扣，再用另一个连接圈连接延长链，在延长链末端连接一个水滴吊坠。

❹ 选择连接了弹簧扣的连接圈，从弹力线的线圈中穿过，将连接圈接口处用尖嘴钳夹至交叉。

❺ 取一个连接圈连接在短线的线圈处，防止穿珠时弹力线缩回弯管中。

❻ 将另一端的线对折，用串珠钢丝穿过线圈，选择两个花托与一颗草莓晶。

❼ 按顺序穿上花托与草莓晶，并将花托和草莓晶移至弹力线上。

❽ 按顺序穿上银珠与弯管。

❾ 用弹力线线圈连接带延长链的连接圈。

❿ 将两根线穿入线圈，并用线圈与两根线编织两个单结。

⓫ 剪去多余的线，留出5毫米的线头，将线头收进珠子的孔道。

⓬ 将手链弯曲成圈，用弹簧扣扣住链条，手链制作完成。

094 星河

在深蓝色的夜空中，银河带着无数星辰，缓缓流动。

难易度 ★ ★ ★ ☆ ☆

材　　料：线材——长 65 厘米，直径为 1 毫米的白色弹力线 1 根。

金属配件——长 3 厘米的银色弯管两根；宽 15 毫米的银色星星吊坠 1 个；直径为 11 毫米的银色蜗牛圈吊坠 1 个；直径为 1 厘米的银色圆环两个；直径为 5 毫米的银色连接圈 4 个；直径为 4 毫米的银色珠子 10 颗。

玉石珠——直径为 8 毫米的蓝砂石 8 颗。

价格与尺寸：参考成本价 7 元，参考零售价 16.9 元；样品适合周长为 15.5 厘米的手腕。

绳结组成：单结（P36）。

配件与工具使用方法：尖嘴钳的使用方法（P21）、串珠钢丝的使用方法（P23）、连接圈的使用方法（P25）。

制作方法

❶ 分别用4个连接圈连接星星吊坠和蜗牛圈吊坠。

❷ 将弹力线对折两次，用串珠钢丝穿过弹力线的双耳，在串珠钢丝上穿上蓝砂石与银珠。

❸ 将蓝砂石与银珠推至弹力线上，并移至单耳一端。

❹ 按顺序穿上一根弯管、一颗银珠与蜗牛圈吊坠。

❺ 穿上银色圆环与蓝砂石。

❻ 按顺序穿上星星吊坠、银珠与弯管。

❼ 按顺序穿上蓝砂石与银珠。

❽ 按顺序穿上银色圆环与蓝砂石后，再穿上银珠与蓝砂石。

❾ 将弹力线的单耳穿过双耳，编织两个单结，剪去多余的线并隐藏线头，手链制作完成。

专家提醒

在连接吊坠时，此款手链使用了连接圈。如果直接将吊坠穿到弹力线上，吊坠会因为绳子太紧使手链失去轻盈感，但是使用连接圈会比将吊坠直接穿上弹力线更容易掉落。

095 秋实

红色的小果子散落在灌木丛中，悄悄地成熟在深秋时分。

难易度　★ ★ ★ ★ ☆

材　　料：金属配件——长36毫米古铜色T针9根；长19毫米的古铜色叶子吊坠1个；长12毫米的古铜色龙虾扣1个；长11毫米的古铜色椭圆吊坠6个；直径为5毫米的古铜色连接圈9个；长4厘米，直径为4毫米的古铜色延长链1条；长14.5厘米，直径为2毫米古铜色链条1条。

玉石珠——直径为6毫米的红玛瑙9颗。

价格与尺寸： 参考成本价5元，参考零售价15.5元；样品适合周长为14~16厘米的手腕。

绳结组成： 无。

配件与工具使用方法： 尖嘴钳的使用方法（P21）、皮尺的使用方法（P22）、连接圈的使用方法（P25）、T针的使用方法（P25）、链条的使用方法（P27）、龙虾扣的使用方法（P27）。

制作方法

❶ 分别用连接圈连接龙虾扣与4毫米古铜色延长链，在延长链的末端连接叶子吊坠。

❷ 将龙虾扣与链条分别连接在2毫米古铜色链条的两端。

❸ 将一根T针穿过一颗红玛瑙，并用尖嘴钳将T针超出红玛瑙的部分夹成水滴圈。

❹ 用两根T针穿过两颗红玛瑙，将T针的末端夹成水滴圈，并用一个连接圈穿连起来。

❺ 将连接了3颗红玛瑙的连接圈连接在2毫米古铜色链条的中间位置上。

❻ 将T针穿过红玛瑙，将T针超出红玛瑙的部分夹成水滴圈，用连接圈分别将玛瑙与椭圆吊坠穿起来。

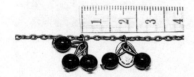

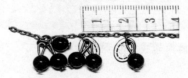

❼ 将连接了两颗红玛瑙的连接圈，连接在距离中间连接了3颗红玛瑙的位置的1.5厘米处。

❽ 将连接了一颗红玛瑙的连接圈连接在距离两颗红玛瑙的1.5厘米处。

❾ 用一个连接圈连接椭圆吊坠，并连接在距离一颗红玛瑙的1.5厘米处。

❿ 重复步骤6~9，在手链的另一端用连接圈连接相同数量的红玛瑙与椭圆吊坠。

⓫ 将手链弯曲成圈，用龙虾扣扣住延长链，手链制作完成。

096 遇见

自从遇见了你，我的心里再装不下别人。

难易度 ★ ★ ☆ ☆ ☆

材　　料：金属配件——直径为 10 毫米的银色球形吊坠两个；直径为 9 毫米的银色弹簧扣 1 个；
直径为 5 毫米的银色连接圈 3 个；长 17.5 厘米，直径为 1.5 毫米的银色链条 1 条；长
18 厘米，直径为 1.5 毫米的银色链条 1 条。

价格与尺寸：参考成本价 4 元，参考零售价 36 元；样品适合周长为 14~16 厘米的手腕。

绳结组成：无。

配件与工具使用方法：尖嘴钳的使用方法（P21）、连接圈的使用方法（P25）、链条的使用方
法（P27）、龙虾扣的使用方法（P27）。

制作方法

① 用一个银色连接圈连接一个银色弹簧扣。

② 将连接了弹簧扣的连接圈连接到长 17.5 厘米的细链条上。

③ 再将另一根细链条也连接到连接圈上。

④ 用尖嘴钳夹合连接圈，注意接口要交叉。

⑤ 在一根链条的末端用连接圈连接一个球形吊坠。

⑥ 注意此处的连接圈接口也需要交叉。

⑦ 在另一条链条的末端用连接圈连接一个球形吊坠。

⑧ 将手链弯曲成圈，用弹簧扣扣住细链条，手链制作完成。

专家提醒

在选择此款手链的吊坠时，应尽量选择实心、比较重的金属吊坠。如果吊坠太轻，手链很容易掉落。

097 无限

"你有多爱我呢？"

"比无穷大还要大。"

难易度 ★ ★ ★ ☆ ☆

材　　料：金属配件——长 24 毫米的银色 8 字圈 1 个；宽 15 毫米的银色星星吊坠 1 个；直径为
　　　　　9 毫米的银色弹簧扣 1 个；直径为 5 毫米的银色连接圈两个；长 24 厘米，直径为 4 毫
　　　　　米的银色延长链 1 条；长 12.5 厘米，直径为 1.5 毫米的银色链条两条。

价格与尺寸： 参考成本价 2 元，参考零售价 10 元；样品适合周长为 14~16 厘米的手腕。

绳结组成： 无。

配件与工具使用方法： 尖嘴钳的使用方法（P21）、连接圈的使用方法（P25）、链条的使用方法
　　　　　　　　　　　（P27）、龙虾扣的使用方法（P27）。

制作方法

❶ 将一根直径为1.5毫米的银色链条对折，两端长度一致。

❷ 将银色链条穿过8字圈的其中一个圈。

❸ 用一个银色连接圈连接一个弹簧扣。

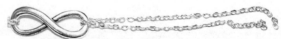

❹ 用连接圈将弹簧扣连接在链条上，连接圈接口处需要交叉。

❺ 将另一根直径为1.5毫米的银色链条对折，并穿过8字圈的另一个圈。

❻ 用连接圈连接长4毫米的延长链，在延长链末端连接一个星星吊坠。

❼ 用连接圈将延长链连接在链条上，连接圈接口处需要交叉。

❽ 将手链弯曲成圈，用弹簧扣扣住链条，手链制作完成。

专家提醒

　　此款手链样式比较简洁，同时也有较强的可塑性。譬如，可以将手链整体换成金色，或者连接8字圈时，不使用折叠的链条，而是使用连接圈，将一条细链连接在8字圈上。也可以改变中间主体配件的形状，均会有不一样的效果呈现。

098 悠扬

来自远方的悠扬铃声，带给你平静与祥和。

难易度 ★ ★ ★ ☆ ☆

材　　料：金属配件——宽19毫米的金色斜杠珍珠双头吊坠1个；直径为9毫米的银色弹簧扣1个；
　　　　　直径为8毫米的银色铃铛两个；直径为5毫米的银色连接圈6个；长4厘米，直径为
　　　　　4毫米的银色延长链1条；长6.5厘米，直径为1.5毫米的银色链条两条；长1.5厘米，
　　　　　直径为1.5毫米银色链条1条。

价格与尺寸：参考成本价9元，参考零售价58元；样品适合周长为14~16厘米的手腕。

绳结组成：无。

配件与工具使用方法：尖嘴钳的使用方法（P21）、连接圈的使用方法（P25）、链条的使用方法（P27）、
　　　　　龙虾扣的使用方法（P27）。

制作方法

① 用一个银色连接圈连接一个银色弹簧扣。

② 用一个银色连接圈连接延长链，在延长链的末端用一个连接圈连接银色铃铛。

③ 用一个连接圈连接长 1.5 厘米的细链条，并在链条末端连接一颗铃铛。

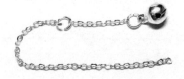

④ 在细链条末端用连接圈连接一条长 6.5 厘米的细链条。

⑤ 在斜杠珍珠双头吊坠的右侧连接另一条长 6.5 厘米的细链条。

⑥ 在细链条的另一端用连接圈连接弹簧扣。

⑦ 用连接了细链条和延长链的连接圈与斜杠珍珠双头吊坠相连。

⑧ 在细链条的末端连接延长链，连接圈接口处需交叉。

⑨ 将手链弯曲成圈，用弹簧扣扣住链条，手链制作完成。

专家提醒

此款手链中的金色斜杠珍珠双头吊坠可以根据需要进行替换，如梅花金属环、猫咪金属环、琉璃珠等；作为吊坠的铃铛同样也可以使用别的材料替换，如珍珠、玛瑙、玉髓、水晶或各类金属小吊坠等。不同的配件搭配可以组合出不一样的风格。

099 皓月

在晴朗的夜晚，月光温柔似水，就像你一样。

难易度 ★ ★ ☆ ☆ ☆

材　　料：金属配件——长2厘米的金色9针1根；直径为12毫米的金色圆环1个；直径为9
毫米的金色弹簧扣1个；宽8毫米的金色星星吊坠1个；直径为5毫米的金色连接圈
3个；长4厘米，直径为4毫米的金色延长链1条；长6厘米，直径为1.5毫米的金
色细链条两条。
玉石珠——直径为8毫米的灰色月光石1颗。

价格与尺寸：参考成本价10元，参考零售价58元；样品适合周长为14~16厘米的手腕。

绳结组成：无。

配件与工具使用方法：尖嘴钳的使用方法（P21）、连接圈的使用方法（P25）、9针的使用方法（P26）、
链条的使用方法（P27）、龙虾扣的使用方法（P27）。

制 作 方 法

① 选择一个金色9针、圆环与月光石。

② 将9针穿过圆环与月光石。

③ 用尖嘴钳将9针露在圆环右侧的部分弯曲成9字圈。

④ 在月光石两侧的9字圈上连接两条6厘米的金色细链条。

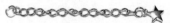
⑤ 用两个连接圈分别连接弹簧扣与延长链，在延长链末端连接星星吊坠。

⑥ 用弹簧扣上的连接圈连接月光石右端的细链条末端。

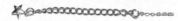
⑦ 在月光石左端细链条的另一侧连接延长链。

⑧ 将手链弯曲成圈，用弹簧扣扣住延长链，手链制作完成。

专家提醒

在夹9字圈时一定要注意保持饰品左右两端的9字圈的大小一致，且处于一个平面上。下面展示一下夹9针常见错误，左图两个9字圈大小不一，右图两个9字圈没有平行。

100　璀璨人生

你值得拥有璀璨的人生，所以抬起头来，微笑面对这个世界吧！

难易度　★ ★ ★ ★ ☆

材　　料：线材——长 10 厘米，直径为 1 毫米的红色玉线 1 根。

金属配件——直径为 9 毫米的金色弹簧扣 1 个；宽 8 毫米的金色星星吊坠 1 个；直径为 7 毫米的银色水钻 1 个；直径为 5 毫米的金色连接圈 3 个；长 4 厘米，直径为 4 毫米的金色延长链 1 条；长 6.5 厘米，直径为 1.5 毫米的金色链条 1 条；长 2 厘米，直径为 0.3 毫米的金色细钢丝 1 根。

价格与尺寸： 参考成本价 5 元，参考零售价 18 元；样品适合周长为 14~16 厘米的手腕。

绳结组成： 单结（P36）。

配件与工具使用方法： 尖嘴钳的使用方法（P21）、串珠钢丝的使用方法（P23）、连接圈的使用方法（P25）、链条的使用方法（P27）、龙虾扣的使用方法（P27）。

制作方法

❶ 用两个连接圈分别连接弹簧扣与延长链，在延长链的末端连接一个星星吊坠。

❷ 烧一下红色玉线的线头，并尽量将线头拧细小一点，再准备一根2厘米的细钢丝。

❸ 将细钢丝横向穿过红色玉线和长1.5毫米的金色链条的左端。

❹ 将细钢丝的两头交叉，折叠在一起。并将玉线和金色链条左右分开。

❺ 将细钢丝的两端分别缠绕在玉线与金色链条上，并剪去多余的钢丝。

❻ 从玉线的另一端穿上一颗水钻，并将水钻移至细钢丝缠绕的位置上，并将细钢丝收入水钻的孔道。

❼ 在金色链条的另一端连接带有星星吊坠的金色延长链，需要将连接圈接口处夹紧至交叉。

❽ 在玉线的另一端连接弹簧扣，剪去多余的线并烧线头，需要将连接圈接口处夹紧至交叉。

❾ 将手链弯曲成圈，用弹簧扣扣住链条，手链制作完成。

专家提醒

　　在绕细钢丝时，一定要注意线头要绕进绳子里和链条的凹陷处。如果露出来，细钢丝会非常扎手，在戴手链时，细钢丝也很容易划伤手。

101 花明

峰回路转，柳暗花明。愿你可以坚持梦想，并看见阳光。

难易度 ★ ★ ★ ★ ☆

材　　料：金属配件——长17毫米的金色9针1根；直径为9毫米的金色弹簧扣1个；直径为8毫米的金色镶钻转运珠1个；宽8毫米的金色星星吊坠1个；直径为7毫米的金色隔珠两个；直径为5毫米的金色连接圈7个；长4厘米，直径为4毫米的金色延长链1条；长3.5厘米，直径为1.5毫米的金色链条两条；长2.5厘米，直径为1.5毫米的金色链条两条。

价格与尺寸：参考成本价23元，参考零售价108元；样品适合周长为14~16厘米的手腕。

绳结组成：无。

配件与工具使用方法：尖嘴钳的使用方法（P21）、连接圈的使用方法（P25）、9针的使用方法（P26）、链条的使用方法（P27）、龙虾扣的使用方法（P27）。

制作方法

❶ 选择一根长 17 毫米的金色 9
针和一颗金色镶钻转运珠。

❷ 将 9 针穿过金色镶钻转运珠。

❸ 用尖嘴钳将 9 针的末端夹
成 9 字圈。

❹ 用 4 个金色连接圈分别连
接到两个金色隔珠上。

❺ 在金色镶钻转运珠的两侧分别连接两根 2.5 厘米的链条。

❻ 在金色镶钻转运珠的右侧
连接一个金色隔珠。

❼ 用金色隔珠上的另一个连
接圈连接一根长 3.5 厘米的
链条。

❽ 用一个连接圈在链条的右
侧末端连接一个金色的弹
簧扣。

❾ 重复步骤 6~7，在转运珠的左
侧也连接金色隔珠与链条。

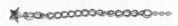

❿ 用一个连接圈在链条左侧
的末端连接一根延长链，
用另一个连接圈在延长链
末端连接一个星星吊坠。

⓫ 将手链弯曲成圈，用弹簧扣
扣住链条，手链制作完成。

102 星愿

寂静的深夜里，星星在一闪一闪，仿佛在聆听着人们的心愿。

难易度 ★ ★ ★ ★ ☆

材　　料：金属配件——长 17 毫米的银色 9 针 5 个；直径为 9 毫米的银色弹簧扣 1 个；直径为 8
　　　　　毫米的白色钻球 1 个；8 毫米蓝色、黑色钻球各两个；直径为 8 毫米的银色星星吊
　　　　　坠 1 个；直径为 5 毫米的银色连接圈 3 个；长 4 厘米，直径为 4 毫米的白色延长链 1 条；
　　　　　长 1.5 厘米，直径为 1.5 毫米的银色链条 4 条。

价格与尺寸：参考成本价 26 元，参考零售价 128 元；样品适合周长为 14~16 厘米的手腕。

绳结组成：无。

配件与工具使用方法：尖嘴钳的使用方法（P21）、连接圈的使用方法（P25）、9 针的使用方法（P26）、
　　　　　　　　　　链条的使用方法（P27）、龙虾扣的使用方法（P27）。

制作方法

❶ 用一个连接圈连接延长链和一个星星吊坠。

❷ 用一根9针穿过白色钻球，并将9针的末端夹成9字圈，注意保持9字圈平行。

❸ 在白色钻球的两侧分别连接一根长1.5厘米的银色链条。

❹ 重复步骤2，分别将两根9针穿过蓝色钻球，将两根9针的末端夹成9字圈。分别将两个蓝色钻球连接在细链条的两端。

❺ 分别在手链的两端连接一根长1.5厘米的银色链条。重复步骤2，分别用两根9针穿过两个黑色钻球，并将9针末端夹成9字圈。分别在手链的两端连接一个黑色钻球。

❻ 在手链的一端用一个连接圈连接一个弹簧扣。

❼ 在手链的另一端，用一个连接圈连接延长链。

❽ 将手链弯曲成圈，用弹簧扣扣住链条，手链制作完成。

专家提醒

　　在夹弯9针末端时，9字圈的接口处一定要夹紧一些，不要留缝隙，否则细链容易从接口处滑出来，使手链断开。

103 绽放

我的心，只为你一人绽放。

难易度　★ ★ ★ ★ ☆

材　　料：金属配件——直径为 18 毫米的银色水钻花朵 1 个；直径为 9 毫米的银色弹簧扣 1 个；
　　　　　长 8 毫米的银色蛇骨夹片 4 个；宽 8 毫米的银色星星吊坠 1 个；宽 7 毫米的银色水
　　　　　钻两颗；直径为 5 毫米的银色连接圈 9 个；长 4 厘米，直径为 4 毫米的银色延长链 1 条；
　　　　　长 4.5 厘米，直径为 1 毫米的银色蛇骨链两条。

价格与尺寸：参考成本价 6 元，参考零售价 39.9 元；样品周长为 14~16 厘米的手腕。

绳结组成：无。

配件与工具使用方法：尖嘴钳的使用方法（P21）、连接圈的使用方法（P25）、链条的使用方法
　　　　　　　　　　（P27）、龙虾扣的使用方法（P27）。

制 作 方 法

① 用一个连接圈连接延长链和
一个星星吊坠。

② 取两个连接圈，将接口稍微
夹开一些。

③ 将两个连接圈连接在水钻
花朵的两侧，并用尖嘴钳
将连接圈接口处夹至交叉。

④ 取4个连接圈，分别从两
颗水钻的孔穿过去。

⑤ 将两颗水钻连接在水钻花
朵上，并夹合连接圈。

⑥ 选择一条4.5厘米的蛇骨链
和一个蛇骨夹片。

⑦ 用尖嘴钳将蛇骨夹片夹合在
蛇骨链的一端，注意夹的力
度，不要将蛇骨链夹扁了。

⑧ 再选择一个蛇骨夹片夹在
蛇骨链的另一端。

⑨ 将蛇骨链连接在水钻的连接
圈上，注意蛇骨夹片夹合的
一面朝下，这样可使手链更
美观。

⑩ 在蛇骨链的另一端用连接
圈连接一个银色弹簧扣。

⑪ 重复步骤6~9，在水钻花朵
的另一侧连接一条蛇骨链，
并在蛇骨链的末端用一个
连接圈连接带有星星吊坠
的延长链。

⑫ 将手链弯曲成圈，用弹簧扣
扣住延长链,手链制作完成。

104 满天星

希望我可以陪伴在你的身边，永远地持续下去。

难易度 ★ ★ ★ ★ ☆

材　　料：金属配件——宽9毫米的银色金属星星4个；直径为9毫米的银色弹簧扣1个；宽8
毫米的银色星星吊坠1个；直径为5毫米的银色连接圈3个；直径为4毫米的银色珠
子4颗；长4厘米，直径为4毫米的银色延长链1条；长14.2厘米，直径为1.5毫米
的银色链条两条。

价格与尺寸：参考成本价8元，参考零售价56元；样品适合周长为14~16厘米的手腕。

绳结组成：无。

配件与工具使用方法：尖嘴钳的使用方法（P21）、串珠钢丝的使用方法（P23）、连接圈的使用
方法（P25）、链条的使用方法（P27）、龙虾扣的使用方法（P27）。

制作方法

① 用一个连接圈将两条长 14.2 厘米的银色链条固定在一个银色的弹簧扣上。

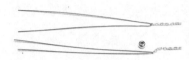

② 在两条链条的另一端，分别用一根串珠钢丝穿入，在下方的链条上穿上一颗银色珠子。

③ 将银珠移至链条上，距离弹簧扣约 2 厘米（如果银珠的孔道较大，可以使用定位珠）。

④ 在上方的链条上穿上一颗银色星星。

⑤ 将银色星星移至链条上，距离银珠约 1.5 厘米。

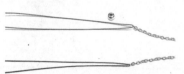

⑥ 在上方的细链条上穿上一颗银色珠子。

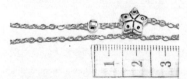

⑦ 将银珠移至链条上，距离银色星星约 1 厘米。

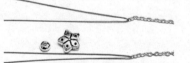

⑧ 在下方的细链条上穿上一颗银色星星与一颗银珠。

⑨ 将银珠与星星移至链条上，距离上一颗银珠约 1.5 厘米，穿上的银色星星与银珠相距的 1 厘米。

⑩ 继续按顺序穿上星星和银珠，在同一根链条上的星星与银珠距离约 1 厘米，不同链条的星星与银珠距离约 1.5 厘米。

⑪ 用一个连接圈将两条链条的末端连接在一起，并连接一条延长链，在延长链的末端用连接圈连接一个星星吊坠。

⑫ 适当调整各珠子与星星的间距，使配饰之间的距离变得匀称。将手链弯曲成圈，用弹簧扣扣住延长链，手链制作完成。

105 四叶诗

在镂空的四叶草中，包含着一抹柔和的光芒。愿你可以像诗中传唱的一般，自由而幸福。

难易度 ★ ★ ★ ★ ★

材　　料：金属配件——宽 14 毫米的金色镂空锆石吊坠两个；直径为 9 毫米的银色弹簧扣 1 个；
　　　　　宽 8 毫米的银色星星吊坠 1 个；直径为 7 毫米的银色水钻 3 颗；直径为 5 毫米银色的
　　　　　连接圈 9 个；长 4 厘米，直径为 4 毫米的银色的延长链 1 条；3 毫米银色连接圈 4 个；
　　　　　长 4.5 厘米，直径为 1 毫米的银色瓜子链两条。

价格与尺寸：参考成本价 12 元，参考零售价 68 元；样品适合周长为 14~16 厘米的手腕。

绳结组成：无。

配件与工具使用方法：尖嘴钳的使用方法（P21）、连接圈的使用方法（P25）、链条的使用方法
　　　　　　　　　　（P27）、龙虾扣的使用方法（P27）。

制作方法

❶ 分别用两个直径为5毫米的连接圈连接弹簧扣与延长链，在延长链末端连接一个星星吊坠。

❷ 用6个直径为5毫米的连接圈分别从3颗水钻的孔穿过去，此时连接圈的接口先暂时不要闭合。

❸ 将一颗水钻连接在金色镂空锆石吊坠上。

❹ 再将另一颗水钻连接在金色镂空锆石吊坠的另一侧。

❺ 按顺序将一个金色镂空锆石吊坠与一颗水钻连接到手链左端，两侧水钻的连接圈的接口先暂时不要闭合。

❻ 用一个直径3毫米的连接圈连接一条瓜子链，并连接在手链右侧水钻的连接圈上。

❼ 用一个直径3毫米的连接圈连接瓜子链，再用一个直径为5毫米的连接圈连接瓜子链与弹簧扣。

❽ 在左侧水钻的连接圈上连接另一条瓜子链，在瓜子链的末端用两个直径3毫米的连接圈连接带有星星吊坠的延长链。

❾ 将手链弯曲成圈，用弹簧扣扣住延长链，手链制作完成。

专家提醒

在连接瓜子链时使用了两个不同尺寸的连接圈，这是因为瓜子链的连接孔比较小，直径5毫米的连接圈无法穿过瓜子链的连接孔。而在连接水钻时，直径3毫米的连接圈又太小，无法穿过水钻，所以建议使用两个不同尺寸的连接圈。

纤石

纤纤锆石，是腕间最温柔的光芒。

难易度 ★ ★ ★ ★ ★

材　　料：金属配件——长 3.5 厘米的银色钢丝两根；直径为 1 厘米的银色球形吊坠两个；直径为 8 毫米的银色雕花珠子 1 颗；直径为 5 毫米的银色连接圈两个；长 9.2 厘米，直径为 3 毫米的银色水钻 1 条；长 7.2 厘米，直径为 1.5 毫米的银色链条两条。

价格与尺寸：参考成本价 8 元，参考零售价 56 元；样品适合周长为 14~16 厘米的手腕。

绳结组成：无。

配件与工具使用方法：尖嘴钳的使用方法（P21）、串珠钢丝的使用方法（P23）、链条的使用方法（P27）。

制作方法

① 选择一根长3.5厘米的银色细钢丝，从1.5厘米处对折。

② 将细钢丝绕住水钻条最末端的一颗水钻，并交叉折叠。

③ 将较短的细钢丝围着较长的细钢丝绕大约4圈。

④ 剪去较短的钢丝的多余部分，并尽量将钢丝的线头夹至平滑。可以用手指触摸接口，看是否扎手。

⑤ 将较长一端的细钢丝绕出一个9字圈，注意9字圈要与水钻一样大，并穿上一条银色的细链条。

⑥ 在9字圈接口处将细钢丝绕大约3圈，绕时要以防钢丝扎到手指，可以适当用尖嘴钳辅助。

⑦ 剪去多余的钢丝，将钢丝的线头夹至平滑。

⑧ 重复步骤1~7，在水钻条的另一头也用钢丝做出9字圈，并连接一条细链条。

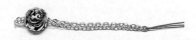

⑨ 用一根串珠钢丝穿过两条链条的末端，并穿上一颗雕花银珠，将雕花银珠移至细链条上。

⑩ 用一个连接圈在其中一根细链条的末端连接一个银色球形吊坠。

⑪ 重复步骤10，用另一个连接圈在另一根细链条的末端同样连接一个银色球形吊坠。

⑫ 适当调整雕花银珠的位置，使手链变得匀称，手链制作完成。

10 不同材质
——多种材质的新颖之美

每种珠子都有其独特的魅力，玛瑙色彩丰富，水晶晶莹剔透，还有些是具有特殊的寓意。巧用不同材质的珠子可以让手链显得新颖。

107 木兮

山有木兮木有枝，
心悦君兮君不知。
——《越人歌》

难易度 ★ ★ ☆ ☆ ☆

材　　料：线材——长 65 厘米，直径为 1 毫米的白色弹力线 1 根。

金属配件——宽 17 毫米的银色雕花配件 1 个。

玉石珠——直径为 1 厘米的白水晶两颗。

木珠——直径为 1 厘米的小叶紫檀 13 颗。

价格与尺寸：参考成本价 16 元，参考零售价 119 元；样品适合周长为 15 厘米的手腕。

绳结组成：单结（P36）。

配件与工具使用方法：串珠钢丝的使用方法（P23）。

制作方法

① 将弹力线对折两次，用串珠钢丝穿过弹力线的双耳。

② 在串珠钢丝上穿上5颗直径1厘米的小叶紫檀。

③ 慢慢地将小叶紫檀推至弹力线上，并移至末端。

④ 按顺序穿上两颗白水晶、一个银色雕花配件。

⑤ 将剩余的8颗小叶紫檀全部穿到弹力线上。

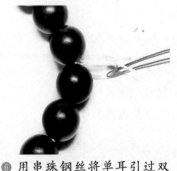

⑥ 用串珠钢丝将单耳引过双耳，并编织两个单结。

⑦ 剪去多余的弹力线，并将线头收进珠子的孔道。

⑧ 适当调整各珠子的间距，手链制作完成。

专家提醒

　　一般在穿木珠时，会使用包芯弹力线。可以在结尾处编织8字结或者凤尾结，使接口处更美观。普通弹力线表面太过光滑，如果用普通弹力线编织结体，会很容易散开。

　　此处使用普通弹力线，是因为此款手链使用了白水晶。如果使用包芯弹力线，那么白水晶的孔道中将会出现一条暗的线，影响手链的美观度。

108 有求必应

貔貅被认为是中国古代的五大瑞兽之一，作为首饰有吉祥之意。

难易度 ★ ★ ★ ☆ ☆

材　　料：线材——长 65 厘米，直径为 1 毫米的白色弹力线 1 根。

金属配件——直径为 12 毫米的银色球形貔貅 1 个；直径为 8 毫米的银色雕花隔珠两个。

玉石珠——直径为 1 厘米的白水晶两个；直径为 1 厘米的黑玛瑙 13 颗。

价格与尺寸：参考成本价 7 元，参考零售价 59 元；样品适合周长为 15.5 厘米的手腕。

绳结组成：单结（P36）。

配件与工具使用方法：串珠钢丝的使用方法（P23）。

制作方法

❶ 将弹力线对折两次，用串珠钢丝穿过弹力线并穿上4颗黑曜石。

❷ 慢慢地将黑曜石推至弹力线上，并移至末端。

❸ 按顺序穿上一颗雕花隔珠与一颗白水晶。

❹ 将球形貔貅穿到弹力线上。

❺ 继续按顺序穿上一颗白水晶与一颗雕花隔珠。

❻ 再次穿上4颗黑曜石。

❼ 将剩余的5颗黑曜石全部穿到弹力线上。

❽ 将串珠钢丝穿过单耳，并将单耳从双耳中引出来。

❾ 将双耳一侧的一颗珠子移至单耳一侧。

❿ 继续将双耳一侧的一颗珠子移至单耳一侧。

⓫ 将所有的珠子都移至单耳一侧，单耳一侧将多出一小段线，拉紧绳子，并编织两个单结。

⓬ 剪去多余的线，留出5毫米的线头，将线头收进珠子孔道，手链制作完成。

109 桃花韵

粉晶加上草莓晶，双倍吸桃花，让你更快找到那个他。

难易度 ★ ★ ★ ☆ ☆

材　料：线材——长 65 厘米，直径为 1 毫米的白色弹力线 1 根。

金属配件——宽 15 毫米的金色水钻吊坠 1 个；直径为 7 毫米的银色花托两个；直径为 5 毫米的金色连接圈 1 个；直径为 4 毫米的银色珠子 9 颗。

玉石珠——直径为 1 厘米的草莓晶 1 颗；直径为 6 毫米的粉水晶 20 颗。

价格与尺寸： 参考成本价 18 元，参考零售价 69 元；样品适合周长为 15.5 厘米的手腕。

绳结组成： 单结（P36）。

配件与工具使用方法： 串珠钢丝的使用方法（P23）。

制作方法

❶ 将弹力线对折一次，用串珠钢丝穿过弹力线的单耳。

❷ 在串珠钢丝上穿上6颗直径6毫米的粉水晶。

❸ 慢慢地将串珠钢丝上的粉水晶移至弹力线的末端。

❹ 穿上4颗银色珠子。

❺ 用一个金色的连接圈连接一个金色水钻吊坠。

❻ 在手链左侧穿上金色水钻吊坠后，穿上5颗银色珠子。

❼ 按顺序穿上两个银色花托、一颗草莓晶。

❽ 继续在串珠钢丝上穿上6颗直径6毫米的粉水晶。

❾ 将粉水晶慢慢移至弹力线上。

❿ 将剩余的8颗粉水晶全部穿到弹力线上。

⓫ 将一根线穿过弹力线的单耳，并用两根线一起编织两个单结。

⓬ 剪去多余的线，将线头收进珠子的孔道，手链制作完成。

专家提醒

在制作手链时，也可以选择枚红色的弹力线，使手链色彩更鲜艳。

110 叠萝花

浅色的紫藤花，盛开在春季的雨后。

难易度 ★ ★ ★ ☆ ☆

材　　料：线材——长14.5厘米的, 直径为3毫米的粉色皮绳1根; 宽9毫米的白色滴油花朵珠1个。
金属配件——宽15毫米的金色镂空星星吊坠1个; 宽13毫米的金色爱心1个; 直径为11毫米的紫色滴油大孔珠1颗; 直径为1厘米的金色龙虾扣1个; 宽9毫米的金色星星吊坠1个; 直径为5毫米的金色连接圈两个; 长4厘米, 直径为4毫米的银色链条1根; 内径3毫米金色砝码扣两个。
其他——直径为13毫米的白色玻璃大孔珠1颗; 直径为6毫米的粉色硅胶定位圈6个。

价格与尺寸：参考成本价16元, 参考零售价108元; 样品适合周长为14~16厘米的手腕。

绳结组成：无。

配件与工具使用方法：尖嘴钳的使用方法（P21）、连接圈的使用方法（P25）、链条的使用方法（P27）、龙虾扣的使用方法（P27）、吊桶扣的使用方法（P28）。

制作方法

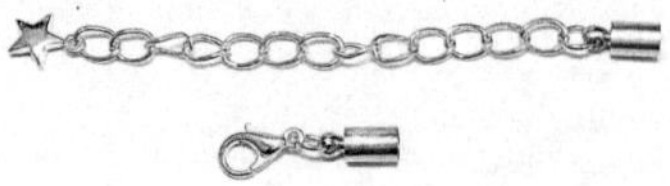

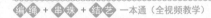

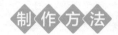

❶ 用一个连接圈连接龙虾扣和砝码扣，再用另一个连接圈连接延长链和砝码扣，在延长链末端连接星星吊坠。

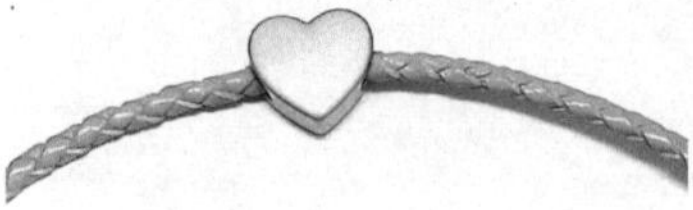

❷ 从粉色皮绳的左侧穿上一颗金色爱心，并将其移至皮绳的中间位置。

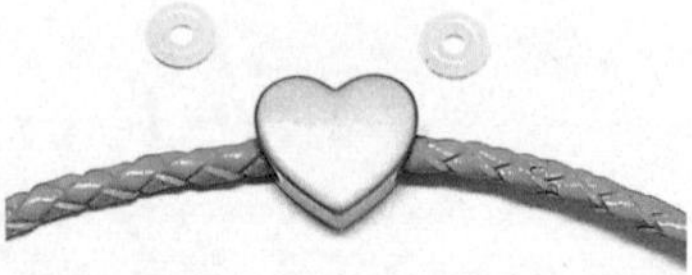

❸ 选择两个粉色的硅胶定位圈，放在金色爱心的左右两侧。

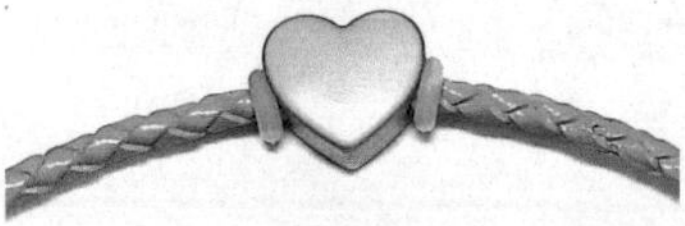

❹ 从左右两侧将硅胶定位圈穿到皮绳上，移至金色爱心的两侧。

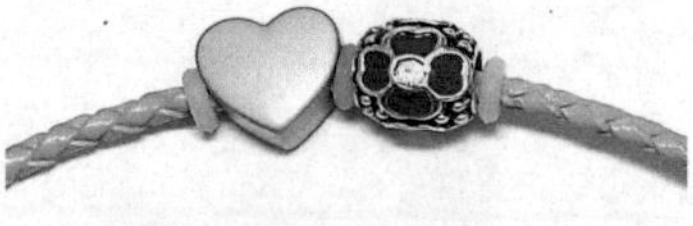

❺ 从粉色皮绳的右侧穿上一颗紫色滴油大孔珠和一个硅胶定位圈。

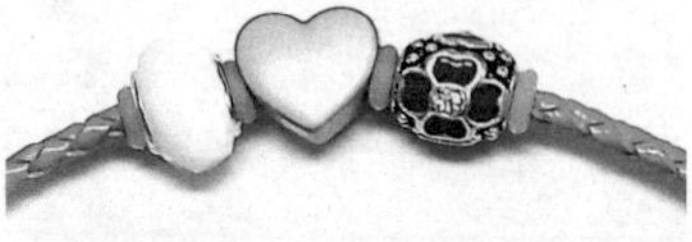

❻ 从粉色皮绳的左侧穿上一颗白色玻璃珠和一个硅胶定位圈。

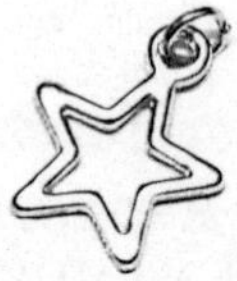

❼ 用一个金色的连接圈连接宽15毫米的金色镂空星星吊坠。

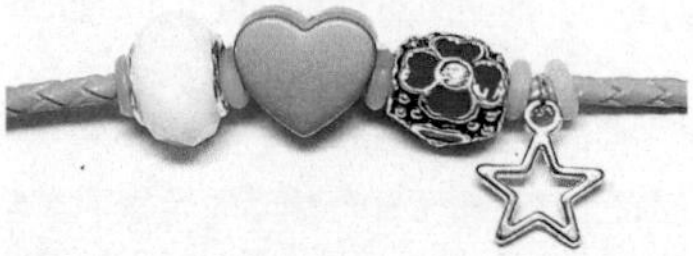

❽ 从粉色皮绳的右侧穿入一个金色星星吊坠和一个硅胶定位圈。

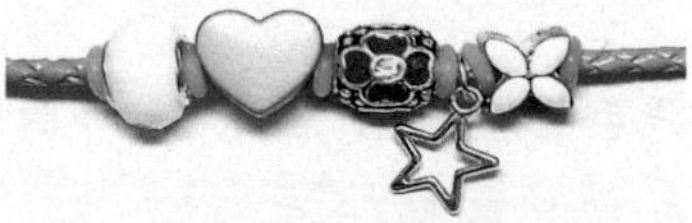

❾ 从粉色皮绳的右侧穿上一颗白色滴油花朵珠和一个硅胶定位圈。

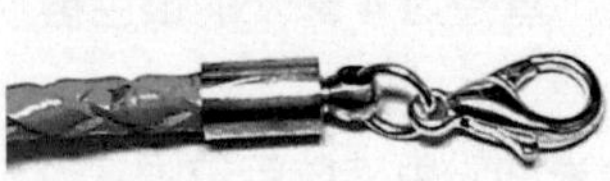

❿ 用胶水将连接了龙虾扣的砝码扣粘在皮绳的一端。

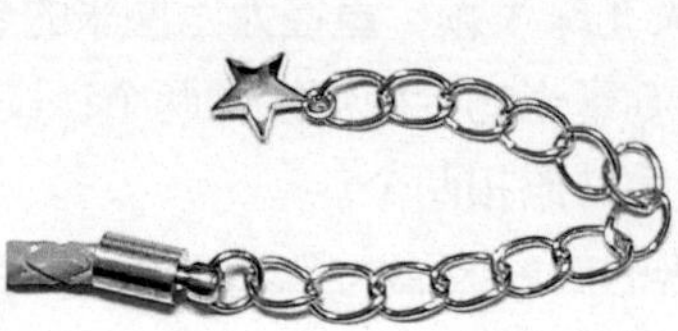

⓫ 用胶水将连接了延长链的砝码扣粘在皮绳的另一端。

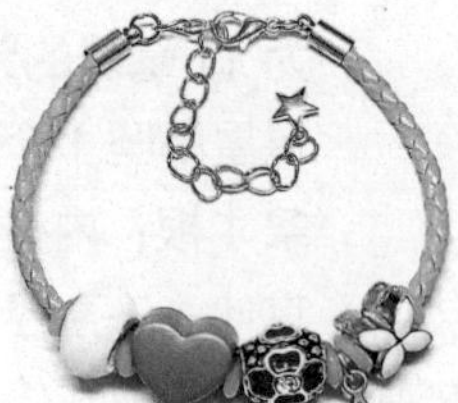

⓬ 调整各珠子的间距，使珠子在皮绳的中间位置，手链制作完成。

111 柔水

你的美丽，恰似水一般，温柔而又闪着光芒。

难易度 ★ ★ ★ ★ ☆

材　料：金属配件——长1厘米的双头珍珠吊坠6个；长1厘米的银色9针5根；直径为9毫米
　　　　的银色弹簧扣1个；宽9毫米的银色星星吊坠1个；直径为5毫米的银色连接圈3个；
　　　　长4厘米，直径为4毫米的银色延长链1条。
　　　　其他珠——直径为5毫米的蓝色水钻5颗。

价格与尺寸：参考成本价5元，参考零售价58元；样品适合周长为14~15.5厘米的手腕。

绳结组成：无。

配件与工具使用方法：尖嘴钳的使用方法（P21）、连接圈的使用方法（P25）、9针的使用方法（P26）、
　　　　　　　　　　链条的使用方法（P27）、龙虾扣的使用方法（P27）。

制 作 方 法

① 选择一根长1厘米的9针与一颗蓝色水钻。

② 将9针穿过蓝色水钻，并将9针末端夹成9字圈。

③ 打开水钻一侧的9字圈，连接一个双头珍珠吊坠。

④ 打开水钻另一侧的9字圈，再次连接一个双头珍珠吊坠。

⑤ 用一根9针穿过水钻并夹弯末端，连接在双头珍珠吊坠上。

⑥ 重复步骤1~5，将所有水晶钻和双头珍珠吊坠连接。

⑦ 用连接圈连接手链和延长链，在延长链的末端用另一个连接圈连接一个星星吊坠。

⑧ 在手链的另一端用一个连接圈连接一个弹簧扣。

⑨ 将手链弯曲成圈，用弹簧扣扣住链条，手链制作完成。

专家提醒

　　市面常用的9针一般长2~6厘米，所以在制作此款手链时，需要先将9针夹至合适的长度再使用。如果9针太长，水钻会到处移动，会影响手链的上手效果。

　　在夹9针的末端时，要注意两个9字平行才好看。

112 金刚

五瓣金刚菩提子象征着圆满，给家中创造平静的环境，保持平和的心态。

难易度 ★ ★ ★ ★ ☆

材　　料：线材——长60厘米，直径为0.8毫米的深棕色包芯弹力线1根。

玉石珠——直径为6毫米的黑曜石6颗。

果实珠——直径为15~18毫米的五瓣金刚菩提子12颗；直径为8毫米的象牙果隔片两个。

其他珠——长2厘米的牛骨三通珠1颗；长17毫米的牛骨佛塔珠1颗。

价格与尺寸：参考成本价12元，参考零售价78元；样品适合周长为16厘米的手腕。

绳结组成：无。

配件与工具使用方法：串珠钢丝的使用方法（P23）。

制作方法

❶ 将包芯弹力线对折，用串珠钢丝穿过弹力线的线圈，并选择一个象牙果隔片与两颗金刚菩提子。

❷ 将象牙果隔片与金刚菩提子穿到包芯弹力线上，并移至弹力线的末端。

❸ 继续穿上剩下的10颗金刚菩提子与一个象牙果隔片。

❹ 将细钢丝对折，插入三通珠的第3个孔。

❺ 用串珠钢丝将包芯弹力线引入三通珠。

❻ 将手链另一侧的弹力线穿过弹力线单耳，拉扯三通珠中的细钢丝将弹力线引出来。

❼ 拉扯三通珠第3个孔的弹力线，从手链另一侧的弹力线三通珠的第3个孔中引出，用单耳套住两根弹力线。

❽ 调整两端的线，使弹力线线圈隐藏至三通珠内。

❾ 用串珠钢丝将佛塔珠穿到弹力线上。

❿ 将佛塔珠移至弹力线上，在两根线上各穿上3颗黑曜石。

⓫ 在两根线的末端各编织一个8字结。

⓬ 留出3毫米的线头，剪去多余的线，手链制作完成。

113 庇佑

珠串盘于掌间，这一世，只愿默默守护你。

难易度 ★ ★ ★ ★ ☆

材　　料：线材——长 136 厘米，直径为 1 毫米的白色弹力线 1 根。

金属配件——直径为 8 毫米的银色花托 6 个。

玉石珠——长 18 毫米的烫金白水晶桶珠 1 颗；直径为 8 毫米的烫金生肖白水晶两颗；直径为 8 毫米的蓝砂石 1 颗；直径为 6 毫米的金色虎眼石 4 颗；直径为 6 毫米的黑曜石 98 颗。

价格与尺寸：参考成本价 10 元，参考零售价 16.8 元；样品适合周长为 14~16 厘米的手腕。

绳结组成：单结（P36）。

配件与工具使用方法：串珠钢丝的使用方法（P23）。

制作方法

① 将弹力线对折，用串珠钢丝穿过弹力线的线圈，穿上5颗黑曜石。

② 将黑曜石移至弹力线上，选择两个花托与一颗烫金生肖白水晶。

③ 按顺序穿上花托与烫金生肖白水晶，并将花托和烫金生肖白水晶移至弹力线上。

④ 选择相应数量的花托、烫金生肖白水晶和烫金白水晶桶珠。

⑤ 按顺序穿上花托与白水晶，并将花托与白水晶移至弹力线上。

⑥ 继续穿上24颗黑曜石至弹力线上，穿珠时要注意末端的黑曜石不要从弹力线上掉落。

⑦ 穿上一颗金色虎眼石。

⑧ 穿上25颗黑曜石后，按顺序穿入虎眼石、蓝砂石和另一颗虎眼石。

⑨ 继续穿上25颗黑曜石后，然后穿上1颗金色虎眼石，再穿上19颗黑曜石。

⑩ 将末端的一根弹力线穿过单耳，并编两个单结。

⑪ 预留5毫米的线头，剪去多余的线，将线头收进珠子的孔道。

⑫ 适当调整各珠子的间距，使手链的珠子间距变得匀称，手链制作完成。

114 待君来

我的幸福只差你了，所以请快一点来。

难易度 ★ ★ ★ ★ ★

材　　料：线材——长 136 厘米，直径为 1 毫米的白色弹力线 1 根。

金属配件——长 26 毫米的银色 T 针 1 根；长 2 厘米的银色四叶草吊坠 1 个；长 11 毫米银色吊坠环 1 个、直径为 9 毫米的银色花托 1 个；直径为 7 毫米的银色花托 11 个；直径为 5 毫米的银色连接圈 1 个；直径为 4 毫米的银色雪花隔片 8 个。

玉石珠——直径为 1 厘米的白水晶 6 颗；直径为 4 毫米紫水晶 132 颗。

价格与尺寸：参考成本价 19 元，参考零售价 89 元；样品适合周长为 14.5 厘米的手腕。

绳结组成：单结（P36）。

配件与工具使用方法：尖嘴钳的使用方法（P21）、串珠钢丝的使用方法（P23）、连接圈的使用方法（P25）、T 针的使用方法（P25）。

制作方法

① 选择一根T针、一个花托、一颗白水晶和一个9毫米的花托。

② 用T针按顺序穿上花托与白水晶，并将T针末端夹成水滴圈。

③ 将白水晶与四叶草吊坠用连接圈穿起来，并连接在吊坠环上。

④ 将弹力线对折，并穿上10颗紫水晶。

⑤ 选择相应的雪花隔片、紫水晶、花托和白水晶。

⑥ 按顺序穿上雪花隔片、紫水晶、白水晶和花托。

⑦ 选择相应的吊坠环、花托、白水晶、花托、紫水晶和雪花隔片。

⑧ 按顺序穿上吊坠环、花托、白水晶、紫水晶和雪花隔片。

⑨ 穿上30颗紫水晶。

⑩ 按顺序穿上雪花隔片、紫水晶、花托和白水晶。

⑪ 穿上32颗紫水晶后重复步骤10，再穿上32颗紫水晶后重复步骤10，最后穿上20颗紫水晶。将末端的一根线穿过单耳，并编两个单结。

⑫ 留出5毫米的弹力线，剪去多余的线，将线头收进珠子的孔道。适当调整各珠子的间距，使手链变得匀称，手链制作完成。

115 鸿运

人们习惯在本命年佩戴有自己生肖的挂坠。

难易度 ★ ★ ★ ★ ★

材　　料：线材——长 80 厘米，直径为 0.8 毫米的深棕色包芯弹力线 1 根。
　　　　　玉石珠——直径为 1 厘米的烫金生肖黑曜石 1 颗；直径为 9 毫米的佛塔黑曜石 1 颗；
　　　　　长 8 毫米的三通黑曜石 1 颗；直径为 6 毫米的金色虎眼石 6 颗；直径为 6 毫米的黑曜
　　　　　石 106 颗。

价格与尺寸：参考成本价 9 元，参考零售价 19.8 元；样品适合周长为 14~16 厘米的手腕。

绳结组成：双联结（P37）。

配件与工具使用方法：串珠钢丝的使用方法（P23）。

制作方法

① 将包芯弹力线对折，用串珠钢丝穿过弹力线的线圈，穿上一颗金色的虎眼石和5颗黑曜石。

② 将虎眼石与黑曜石推至弹力线上，并移至弹力线的另一侧，在弹力线的末端编织一个单结。

③ 继续穿上20颗黑曜石后，穿上一颗金色虎眼石。

④ 穿上25颗黑曜石后，按顺序穿上两颗金色虎眼石和一颗烫金生肖黑曜石。

⑤ 穿上25颗黑曜石后，穿上一颗金色虎眼石。

⑥ 继续将25颗黑曜石穿到弹力线上。将细钢丝对折，并插入三通珠的第3个孔。

⑦ 用钢丝将包芯弹力线引出三通珠。

⑧ 先将一根线穿过佛塔珠，再用串珠钢丝将另一根线从佛塔珠引过去。

⑨ 用包芯弹力线编织一个双联结。

⑩ 在其中一根线上穿上3颗黑曜石，并编织一个8字结。

⑪ 重复步骤10，在另一根线上穿上黑曜石后编织一个8字结。

⑫ 适当调整各珠子的间距，使珠子的间距变得匀称，手链制作完成。

116 星月

星月菩提的表面有很多的小黑点，犹如众星捧月一般，所以被称为星月菩提。

难易度 ★ ★ ★ ★ ★

材　　料：线材——长 67 厘米，直径为 1 毫米的深棕色包芯弹力线 1 根。

金属配件——长 33 毫米的银色蜜蜡吊坠 1 个。

果实珠——直径为 9 毫米的星月菩提桶珠 96 颗。

其他珠——长 14 毫米的蜜蜡三通珠 1 颗；长 11 毫米的蜜蜡佛塔珠 1 颗；直径为 9 毫米的蓝琉璃桶珠两颗；直径为 9 毫米的蜜蜡桶珠两颗；直径为 9 毫米的红玛瑙桶珠 1 颗；直径为 8 毫米的绿松石隔片 6 颗。

价格与尺寸：参考成本价 21 元，参考零售价 36 元；样品适合周长为 16 厘米的手腕。

绳结组成：单结（P36）、雀头结（P40）

配件与工具使用方法：串珠钢丝的使用方法（P23）。

制作方法

❶ 将细钢丝对折，插入三通珠的第 3 个孔，运用串珠钢丝将弹力线引过三通珠。

❷ 拉扯细钢丝，将弹力线引出三通珠，并穿上佛塔珠。

❸ 用串珠钢丝将蜜蜡吊坠引至弹力线上。

❹ 编织一个雀头结。

❺ 调整两端的线，将多余的线从三通珠两侧拉扯出来。

❻ 在三通珠的右侧穿上一颗蓝琉璃桶珠和 6 颗星月菩提。

❼ 穿入 18 颗星月菩提后，按图片中的顺序穿上两个绿松石隔片和 1 颗蜜蜡桶珠。

❽ 在三通珠左侧穿上一颗蓝琉璃桶珠和 24 颗星月菩提后，穿上相应的绿松石隔片和蜜蜡桶珠。

❾ 两根线各穿上 24 颗星月菩提后，在一根线上穿上隔片和玛瑙桶珠，另一根线上穿上隔片。

❿ 用两根线编两个单结，并适当拉扯绳子，收紧绳结。

⓫ 预留 3 毫米的线，剪去多余的线头，将线头收进玛瑙的孔道。

⓬ 适当调整各珠子的间距，使手链珠子间距变得匀称，手链制作完成。

117 紫檀

紫檀的生长速度非常缓慢，需要至少 800 年的成长才能成为好的木料，因此被称为"帝王之木"。

难易度 ★ ★ ★ ★ ★

材　　料：线材——长 101.5 厘米，直径为 0.8 毫米的深棕色包芯弹力线 1 根。
　　　　　玉石珠——直径为 6 毫米的磨砂白水晶 3 颗。
　　　　　木珠——直径为 1 厘米的小叶紫檀三通珠 1 颗；直径为 8 毫米的小叶紫檀佛塔 1 颗；
　　　　　直径为 8 毫米的小叶紫檀 108 颗；直径为 6 毫米的小叶紫檀 6 颗。
价格与尺寸：参考成本价 23 元，参考零售价 88 元；样品适合周长为 15.5 厘米的手腕。
绳结组成：吉祥结（P51）。
配件与工具使用方法：串珠钢丝的使用方法（P23）。

制作方法

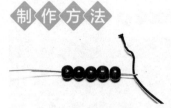

❶ 将包芯弹力线对折，用串珠钢丝穿过弹力线的线圈，并穿上5颗小叶紫檀。

❷ 将小叶紫檀推至弹力线上，并移至弹力线的末端。

❸ 穿上22颗小叶紫檀后，穿上1颗磨砂白水晶。继续穿上27颗小叶紫檀后，穿上一颗磨砂白水晶。

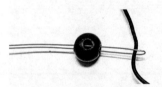

❹ 穿上27颗小叶紫檀后，穿上1颗磨砂白水晶。最后穿上27颗小叶紫檀，并穿入三通珠。

❺ 将串珠钢丝的线圈一侧从三通珠的右侧穿过去，用另一根弹力线穿过串珠钢丝的线圈。

❻ 用串珠钢丝将另一根弹力线引出三通珠。

❼ 运用三通钩针将两根弹力线引出来。

❽ 调整两根线，使其长度一致，并穿上佛塔珠。

❾ 编织出吉祥结的一面，并收紧结体。

❿ 编织出吉祥结的另一面，适当调整结体，使其匀称美观。

⓫ 用两根线各穿上3颗直径为6毫米的小叶紫檀，并编织一个8字结。

⓬ 剪去多余的线，适当调整各珠子的间距，手链制作完成。

118 红石榴

盛夏的石榴，有着最灿烂的花朵；
晚夏的石榴，有着最甜美的果实。

难易度　★ ★ ★ ★ ★

材　　料：线材——长136厘米，直径为1毫米的棕色弹力线1根。
　　　　　金属配件——直径为39毫米的金色镶钻手表1个；直径为8毫米的金色花托4个；直径为5毫米的金色珠子两颗；直径为4毫米的金色珠子13颗。
　　　　　玉石珠——直径为8毫米的红玛瑙两颗；直径为6毫米的红玛瑙两颗；直径为4毫米的石榴石两颗。
价格与尺寸：参考成本价86元，参考零售价368元；样品适合周长为15.5厘米的手腕。
绳结组成：单结（P36）、雀头结（P40）。
配件与工具使用方法：尖嘴钳的使用方法（P21）、串珠钢丝的使用方法（P23）。

制作方法

① 将细钢丝对折，用尖嘴钳
将细钢丝的线圈夹弯。

② 将细钢丝从手表一侧的孔
穿过去。

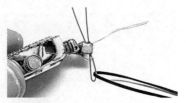

③ 将棕色弹力线穿过串珠钢
丝的线圈，并将串珠钢丝
穿过细钢丝的线圈。

④ 拉扯串珠钢丝，将棕色弹
力线引入细钢丝的线圈中。

⑤ 拉扯细钢丝将弹力线引过
手表侧边的孔，并将弹力线
的尾端穿过弹力线的线圈。

⑥ 拉扯弹力线尾端，收紧线
圈，形成一个雀头结。

⑦ 将串珠钢丝穿在弹力线另一
端的两根线上，选择一颗石
榴石与一颗直径为5毫米的
金珠。

⑧ 按顺序穿上一颗石榴石与
一颗直径为5毫米的金珠，
并将其移至靠近手表。

⑨ 继续穿上20颗石榴石。

⑩ 选择两颗直径为4毫米的金
珠和一颗石榴石。

⑪ 按顺序穿上金珠与石榴石，
并移至弹力线上。

⑫ 选择相应的花托、红玛瑙、
石榴石和金珠。

⑬ 按顺序穿上花托、红玛瑙、
金珠和石榴石，并移至弹
力线上。

⑭ 穿上23颗石榴石后，按顺
序穿上相应数量的金珠与
石榴石。

⑮ 穿上26颗石榴石后，按顺
序穿上相应数量红玛瑙、
花托和金珠。

⑯ 穿上22颗石榴石后，按顺
序穿上1颗5毫米的金珠
与石榴石。

⑰ 将细钢丝从手表另一侧的
孔穿过去。

⑱ 将弹力线的末端穿过细钢
丝的线圈。

⑲ 拉扯细钢丝，将弹力线引
过手表侧边的孔。

⑳ 用线头包住两根线，并用线
头编织一个单结。

㉑ 再次用线头包住两根线。

㉒ 再次用两根线头一起编织
出一个单结，适当用力，
收紧绳结。

㉓ 预留1毫米的线头，并剪
去多余的线。

㉔ 适当调整各珠子的间距，
使手链珠子间距变得匀称，
手链制作完成。

专家提醒

在最后编织单结时，因为线头无法收进珠子的孔道，所用线头不宜留太长。为了能让手链
更加结实，单结一定要收紧，否则一旦绳结松散，珠子就会散落。

中国结篇

11 盘长结艺
——古老文化的传统之美

本章主要讲述多种多样的盘长结的编织方法。盘长结是一种古老的结艺，又称线圈结、庙宇结、黄花结，象征着回环贯彻，是万物的本源。盘长结是最重要的基本结之一，结体紧密且对称，常被作为变化结的主结使用。

119 团锦结

难易度 ★★★☆☆

团锦结的结体小巧美丽，不易松散，有空心与实心之分。适合镶嵌玉石珠子等物件，所以受到了人们的喜爱。常见的团锦结一般是6翼和8翼。

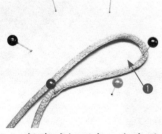

① 一根线对折形成一个线圈，作为圈1。两端的线分为一长一短，右侧为长线。

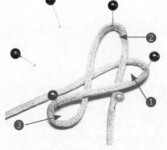

② 将右侧线折出一个线圈，作为圈2，并穿进圈1中，同时形成圈3。

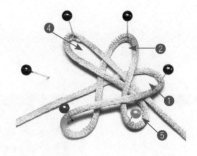

③ 将右侧线折出一个线圈，作为圈4，并按顺序穿进圈1、圈2中，同时形成圈5。

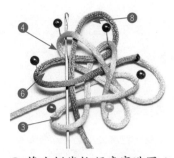
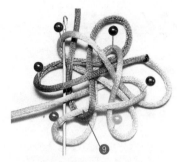

④ 将右侧线折出一个线圈，作为圈6，并按顺序穿进圈2、圈4中，同时形成圈7。

⑤ 将右侧线按顺序穿进圈4、圈6、圈3中，同时形成圈8。

⑥ 蓝线挑3根线，压两根线，再挑一根线，穿出，同时形成圈9。

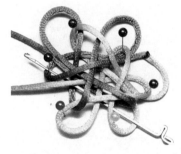

⑦ 将蓝线穿进圈6、圈9、圈5中。

⑧ 蓝线挑6根线，压两根线穿出。

⑨ 拉扯多个耳翼，慢慢收紧并调整绳结，即可编织出一个团锦结。

120 盘长蝴蝶结

盘长蝴蝶结是以二回盘长结为主结，结合双钱结编织而成。盘长蝴蝶结外观与蝴蝶相似，耳翼容易散乱，所以编织完后应注意收紧绳结。

难易度 ★★★★☆

制作方法

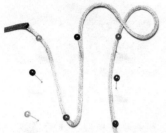

① 用黄线绕出 3 行竖线，第 3 行线逆时针绕一个线圈。

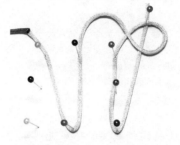

② 将黄线向右上方弯折，挑线圈穿过去。

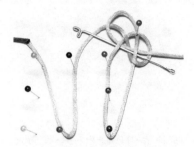

③ 黄线向左下方弯折，按照压 1 挑 1，压 1 挑 1，压 1 的顺序，编织出双钱结。

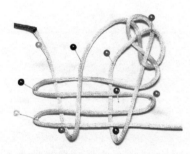

④ 将黄线向左绕出两个线圈，按照挑 1 压 1，挑 1 压 1 的顺序进行穿线。

⑤ 用蓝线包住竖线绕一个线圈。

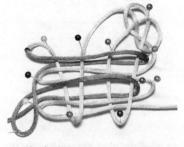

⑥ 将蓝线顺时针绕 1 圈，然后包住竖线绕 1 圈，并挑线圈穿过。

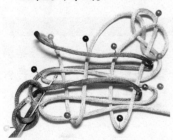

⑦ 将蓝线向左上方弯折，按照压 1 挑 1，压 1 挑 1，压 1 的顺序穿线，编织出一个双钱结。

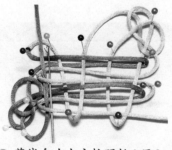

⑧ 蓝线向右上方按照挑 1 压 3，挑 1 压 3 的顺序进行穿线。

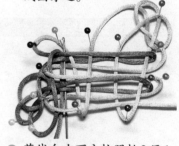

⑨ 蓝线向右下方按照挑 2 压 1，挑 3 压 1，挑 1 的顺序进行穿线。

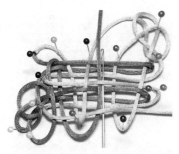  

⑩ 重复步骤8，将蓝线向右上方按照挑1压3，挑1压3的顺序进行穿线。

⑪ 重复步骤9，将蓝线向右下方按照挑2压1的顺序，挑3压1，挑1压1的顺序进行穿线。

⑫ 拉扯耳翼，慢慢收紧并调整绳结，即可编织出一个盘长蝴蝶结。

121 三回盘长结

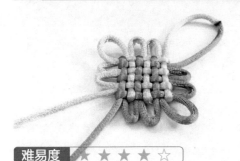

三回盘长结是由二回盘长结多绕一个来回的线圈编织而成。结体为正方形，共有11个耳翼与两根散线，在两根散线下方组合其他配件，即可编织成一个挂饰。

难易度 ★★★★☆

制作方法

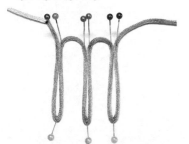 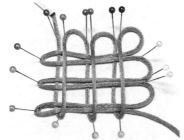 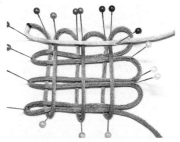

① 用蓝线绕出6行竖线。

② 蓝线向左绕3个线圈，均按挑1压1，挑1压1，挑1压1的顺序进行编织。

③ 用黄线向右压住所有蓝色竖线。

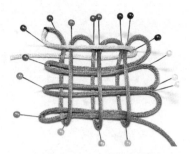

④ 用黄线向左挑所有蓝色竖
线，从下方穿过。

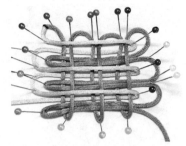

⑤ 重复步骤3~4两次，将黄
线绕出4行横线。

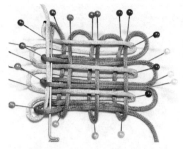

⑥ 黄线向右上方按照挑1压3，
挑1压3，挑1压3的顺序
进行穿线。

⑦ 黄线向右下方按照挑2压1，
挑3压1，挑3压1，挑1
的顺序进行穿线。

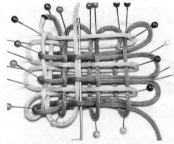

⑧ 重复步骤6，黄线向右上方
按照挑1压3，挑1压3，
挑1压3的顺序进行穿线。

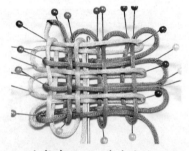

⑨ 重复步骤7，黄线向右下方
按照挑2压1，挑3压1，挑
3压1，挑1的顺序进行穿线。

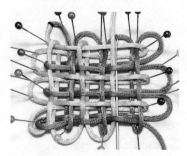

⑩ 重复步骤6，黄线向右上方
按照挑1压3，挑1压3，
挑1压3的顺序进行穿线。

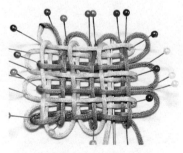

⑪ 重复步骤7，黄线向右下方
按照挑2压1，挑3压1，
挑3压1，挑1的顺序进
行穿线。

⑫ 拉扯耳翼，慢慢收紧并调
整绳结，即可编织出一个
三回盘长结。

122 酢浆草盘长结

酢浆草盘长结是由四回盘长结组合酢浆草结编织而成，共有15个耳翼与两根散线。左右两侧的耳翼编织成酢浆草结，使结体更富变化性与美观性。

难易度 ★☆☆☆☆

制作方法

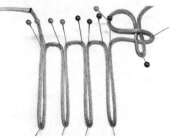

① 用蓝线绕出8行竖线，并向右绕出一个横线圈，再绕一个竖线圈穿过横线圈。

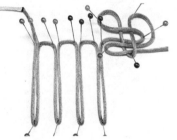

② 将蓝线向左绕一个线圈并穿过竖线圈。

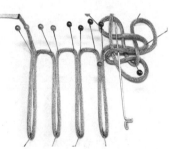

③ 将蓝线向左上方弯折，按照压1挑1，压2的顺序进行穿线。

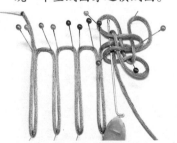

④ 将蓝线向左下方弯折，按照挑3压1的顺序进行穿线，编织出一个酢浆草结。

⑤ 收紧绳结，并调整酢浆草结的耳翼大小。

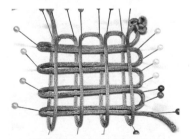

⑥ 将蓝线向左绕4个线圈，均按挑1压1，挑1压1，挑1压1，挑1压1的顺序进行穿线。

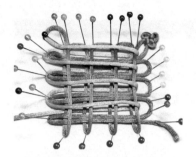

⑦ 用左上方黄线包住所有蓝色竖线，按顺序绕出8行横线。

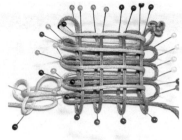

⑧ 黄线向左绕一个横线圈，再绕一个竖线圈穿过横线圈，再绕一个横线圈穿过竖线圈。

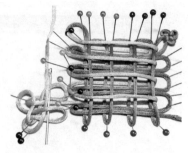

⑨ 将黄线向右上方弯折，按照压1挑1，压2的顺序进行穿线。

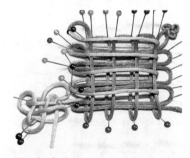

⑩ 将黄线向右下方弯折，按照挑3压1的顺序进行穿线，编织出一个酢浆草结。

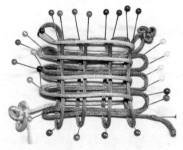

⑪ 收紧绳结，并调整酢浆草结的耳翼大小。

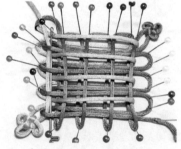

⑫ 黄线向右上方按照挑1压3，挑1压3，挑1压3，挑1压3的顺序进行穿线。

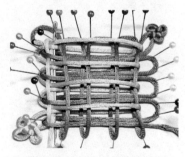

⑬ 黄线向右下方按照挑2压1，挑3压1，挑3压1，挑3压1，挑1的顺序进行穿线。

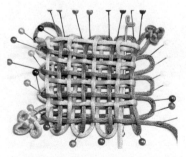

⑭ 重复步骤12~13三次，进行相应的挑线、压线，再绕出6行竖线。

⑮ 拉扯耳翼，慢慢收紧并调整绳结与耳翼的大小，即可编织出一个酢浆草盘长结。

123 复翼盘长结

复翼盘长结是由三回盘长结改变走线的顺序变化而来。它的耳翼是交叠的，编好后可将耳翼拉成不同的大小，结型非常美观，常被作为各种大型挂饰的主结来使用。

难易度  ★ ★ ★ ★ ★

制作方法

① 用黄线绕出4行竖线，并向左绕出一个横线圈。

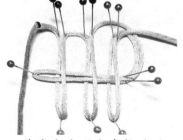

② 黄线向左下方先挑后压，包住横线绕一个线圈。

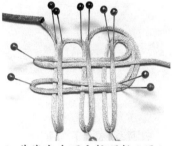

③ 黄线向左下方按照挑1压1，挑1压1，挑1压1的顺序做两行横线。

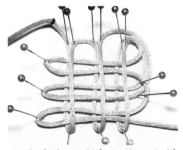

④ 将黄线压过中间的两行横线，并向左下方按照挑1压1，挑1压1，挑1压1的顺序做两行横线。

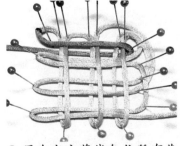

⑤ 用左上方蓝线包住所有黄色竖线，绕出一个线圈。

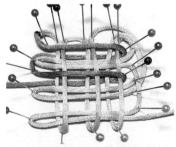

⑥ 重复步骤5，用蓝线包住所有黄色竖线，再绕出一个线圈。

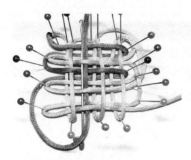

⑦ 将蓝线向右上方弯折，按照挑1压1，挑1压3，挑1压3的顺序进行穿线。

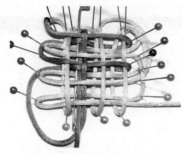

⑧ 将蓝线向左下方弯折，按照挑2压1，挑3压1，挑1压1，挑1的顺序进行穿线。

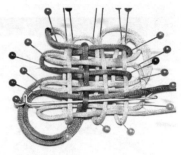

⑨ 将蓝线向右上方弯折后，向右侧按照压3挑1，压4的顺序进行穿线。

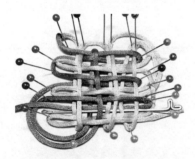

⑩ 将蓝线向左下方弯折，按照挑5压1，挑2的顺序进行穿线。

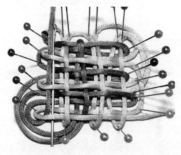

⑪ 将蓝线向右上方弯折，按照挑1压3，挑1压3，挑1压3的顺序进行穿线。

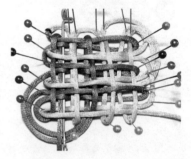

⑫ 将蓝线向右下方弯折，按照挑2压1，挑3压1，挑3压1，挑1的顺序进行穿线。

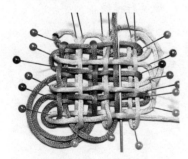

⑬ 重复步骤11，将蓝线向右上方弯折，按照挑1压3，挑1压3，挑1压3的顺序进行穿线。

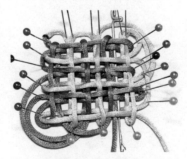

⑭ 重复步骤12，将蓝线向右下方弯折，按照挑2压1，挑3压1，挑3压1，挑1的顺序进行穿线。

⑮ 拉扯耳翼，慢慢收紧并调整绳结与耳翼的大小，即可编织出一个复翼盘长结。

12

花式结艺

——潮流时尚的现代之美

运用盘长结作为主结，可以组合其他的结体或者配件，如金属配件、珠子等，制作出具有现代感的潮流挂饰。

124 中国年

在中国，每到春节，大家都会回家与家人团圆，每家每户都会贴对联、挂中国结祈求平安。

难易度 ★ ★ ★ ★ ★

材　料：线材——长 12 厘米，直径为 11 毫米的红色流苏 1 条；长 3 米，直径为 3 毫米的红色编织绳 1 根；长 28 厘米，直径为 3 毫米的米色 4 号线 1 根；长 3 米，直径为 2.5 毫米的红色 5 号线 1 根；长 40 厘米，直径为 2 毫米的金丝线 1 根；长 20 厘米，直径为 0.5 毫米的黄色 9 股线 1 根。

金属配件——长 22 毫米的银色金属配件 1 个。

其他——宽 1 厘米，长 1.5 厘米绣花黑布 1 片。

价格与尺寸： 参考成本价 3 元，参考零售价 9.9 元；总长度约 27 厘米。

绳结组成： 单结（P36）、双联结（P37）、绕线（P53）、酢浆草盘长结（P211）。

配件与使用技法： 皮尺的使用方法（P22）、打火机的使用方法（P22）、串珠钢丝的使用方法（P23）。

制作方法

① 编织一个酢浆草盘长结，从顶端耳翼用钩针引过一根红绳。

② 用打火机烧一下线头，并将两线头连接在一起。

③ 用一根黄色9股线缠绕在靠近酢浆草盘长结的红绳上，并包裹住红绳熔烧后的线头。

④ 选择一片宽1厘米，长1.5厘米的绣花黑布，在其背面粘贴双面胶。

⑤ 将绣花黑布粘贴在黄色9股线缠绕的中间位置，并烧一下边缘。

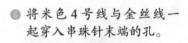

⑥ 将米色4号线与金丝线一起穿入串珠针末端的孔。

⑦ 将串珠针从盘长结中间偏下的孔穿入，从左下方第3个耳翼穿出。

⑧ 拉扯串珠针，将两根线引过去，注意留出线头。

⑨ 将串珠针从左下方第2个耳翼穿入，从左上方第3个耳翼穿出。

⑩ 拉扯串珠针，将两根线引过去，此处可以稍微拉紧绳子，不用留耳翼，注意金丝线在内侧。

⑪ 先用串珠将金丝线绕酢浆草结1圈，从左上方第3个耳翼穿出，再同时穿两根线，串珠针从左上方第一个耳翼穿出。

⑫ 拉扯串珠针，将两根线引过去，此处需注意调整耳翼的大小。

⑬ 按顺序将米色4号线与金丝线绕酢浆草盘长结做出耳翼，绕酢浆草结时金丝线需绕两圈。

⑭ 在绕最后一个耳翼时，可以直接用镊子将米色4号线塞进盘长结的缝隙中。

⑮ 剪去多余的线，适当拉扯第一个耳翼，将线头收进盘长结内，使两侧耳翼对称。

⑯ 用下方的线编织一个双联结，调整并收紧绳结。

⑰ 将银色金属配件从线尾穿上。

⑱ 将两根线穿入流苏的孔，可以先穿一根，再用镊子穿另一根。

⑲ 将线穿入流苏后，调整流苏的位置，使其靠近金属配件。

⑳ 在线尾编织一个单结，适当调整结体的位置。

㉑ 剪去多余的线，将线头隐藏至流苏中，挂饰完成。

专家提醒

　　在穿4号线与金丝线时，先摆好两根线的内外顺序再穿，会比穿入盘长结后再调整方便快捷一些；拉扯4号线与金丝线时要注意力度，不要把之前调整过的耳翼拉扯变形了。

　　在穿金属配件时，可以使用三通钩针来辅助穿线。

　　在最后编织单结时，一定要注意调整单结的位置，使流苏靠近金属配件，不留多余的线。

125 福禄双全

葫芦葫芦，包含福与禄，葫芦自古以来就被当成吉祥的象征，人们也常将葫芦作为装饰品来用。

难易度 ★ ★ ☆ ☆ ☆

材　　料：线材——长12厘米，直径为11毫米的红色流苏1条；长3米，直径为3毫米的红色
编织绳1根；长28厘米，直径为3毫米的米色4号线1根；长3米，直径为2.5毫米
的红色5号线1根；长40厘米，直径为2毫米的金丝线1根；长20厘米，直径为0.5
毫米的黄色9股线1根。

木珠——长42毫米的原色葫芦1个；直径为1厘米的白色木珠两颗。

其他——宽1厘米，长1.5厘米的绣花黑布1片。

价格与尺寸： 参考成本价7元，参考零售价10元；样品适合周长为15.5厘米的手腕。

绳结组成： 单结（P36）、双联结（P37）、绕线（P53）、酢浆草盘长结（P211）。

配件与工具使用方法： 打火机的使用方法（P22）、镊子的使用方法（P24）。

制作方法

① 重复实例124的步骤1~16，编织一个酢浆草盘长结，在顶端穿入红绳，末端编织一个双联结。

② 将酢浆草盘长结横着摆放，并穿上一颗白色木珠，穿珠时可以使用镊子辅助。

③ 选择一个葫芦，并放在两根线的中间位置。

④ 继续穿上一颗白色木珠。

⑤ 选择一个流苏，并穿入其中一根线。

⑥ 将另一根线同样穿入一个流苏。

⑦ 从流苏中将两根线拿出来。

⑧ 用两根线一起编织一个单结。

⑨ 剪去多余的线，将线头隐藏至流苏中，挂饰完成。

126 财源滚滚

铜钱是古代一种比较重要且流通较广的钱币，外观一般是圆形，中间有方孔。

难易度 ★ ★ ☆ ☆ ☆

材　　料：线材——长 12 厘米，直径为 11 毫米的红色流苏 1 条；长 3 米，直径为 3 毫米的红色
　　　　　编织绳 1 根；长 28 厘米，直径为 3 毫米的米色 4 号线 1 根；长 3 米，直径为 2.5 毫米
　　　　　的红色 5 号线 1 根；长 40 厘米，直径为 2 毫米的金丝线 1 根；长 20 厘米，直径为 0.5
　　　　　毫米的黄色 9 股线 1 根。
　　　　　金属配件——直径为 23 毫米古铜色铜钱 6 个。
　　　　　其他——宽 1 厘米，长 1.5 厘米的绣花黑布 1 片。

价格与尺寸：参考成本价 5 元，参考零售价 26 元；样品适合周长为 16 厘米的手腕。

绳结组成：单结（P36）、双联结（P37）、绕线（P53）、酢浆草盘长结（P211）。

配件与工具使用方法：打火机的使用方法（P22）、镊子的使用方法（P24）。

① 重复实例124的步骤1~16，编织一个酢浆草盘长结，在顶端穿入红绳，末端编织一个双联结。

② 将酢浆草盘长结横着摆放。选择一根线，通过方孔从铜钱的正面穿到背面。

③ 选择另一根线，通过铜钱中间的方孔，从铜钱的背面穿到正面，并将铜钱移动至靠近双联结。

④ 重复步骤2~3，再次穿上一个铜钱。

⑤ 将铜钱向左推，第二个铜钱被第一个铜钱遮盖住一部分。

⑥ 将剩余的4个铜钱全部穿到线上，注意保持铜钱的正反面一致。

⑦ 在铜钱的末端编织一个双联结，调整并收紧绳结。

⑧ 将两根线穿过流苏，并编织一个单结。

⑨ 剪去多余的线，将线头隐藏至流苏中，挂饰完成。

127 脸谱

戏曲是中国古代一种重要的舞台表演艺术，每个演员都会画上精致的脸谱，不同的脸谱代表着不同的性格。

难易度 ★ ★ ★ ☆ ☆

材　　料： 线材——长 1 米，直径为 2.5 毫米的金黄色 5 号线线 1 根；长 12 厘米，直径为 11 毫米的金黄色流苏 1 条。

其他——长 27 毫米的红色滴胶脸谱 1 个；B-6000 胶水。

价格与尺寸： 参考成本价 7 元，参考零售价 29.9 元；样品适合周长为 14~16 厘米的手腕。

绳结组成： 单结（P36）、双联结（P37）、三回盘长结（P209）。

配件与工具使用方法： 皮尺的使用方法（P22）、打火机的使用方法（P22）。

制作方法

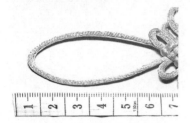

① 编织出一个三回盘长结，在顶端留出约 6 厘米的线圈。

② 用末端的两根线编织出一个双联结。

③ 调整结体，使双联结靠近三回盘长结的底部。

④ 将两根线穿入流苏中。

⑤ 移动流苏，将其靠近三回盘长结，并将两根线从流苏中拿出。

⑥ 用两根线一起编织一个单结，并剪去多余的线。

⑦ 将胶水涂在三回盘长结的其中一个面。

⑧ 迅速将脸谱粘贴在三回盘长结上，要注意脸谱的位置。

⑨ 待胶水完全干透以后，挂饰即可完成。

128 粉蝶

粉色的蝴蝶翩翩飞舞，带来春天的气息。

难易度 ★ ★ ★ ★ ★

材　　料：线材——长76厘米，直径为1毫米的粉色玉线1根；长17厘米，直径为1毫米的白色、
　　　　　粉色、深粉色玉线各两根。
　　　　　其他——长28毫米的绣花香包1个。

价格与尺寸： 参考成本价7元，参考零售价39元；样品适合周长为16厘米的手腕。

绳结组成： 单结（P36）、双联结（P37）、菠萝结（P46）、盘长蝴蝶结（P207）。

配件与工具使用方法： 皮尺的使用方法（P22）、打火机的使用方法（P22）、串珠钢丝的使用方法（P23）。

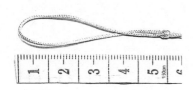

① 选择一根75厘米的粉色玉线，预留约5厘米的线圈，并编织出一个双联结。

② 编织出一个盘长蝴蝶结，适当调整并收紧结体，在末端编织出一个双联结。

③ 用串珠针穿上一个香包，并编织一个双联结。

④ 用一根长17厘米的深粉色玉线编织一个菠萝结。将其穿到串珠针上，收拢结体后，烧干线头并隐藏。

⑤ 选择长17厘米的粉色玉线和白色玉线各编织出一个菠萝结，并穿在串珠针上。

⑥ 将3个菠萝结按顺序穿到挂饰下端的其中一根线上。

⑦ 重复步骤4~6，在另一根线上也穿上3个菠萝结。

⑧ 留出3厘米的线，在线的尾部编织一个单结。

⑨ 另一根线同样编织一个单结，剪去多余的线，挂饰完成。

手工技巧与材料购买心得

对于手工制作与材料的选购，我有一些心得体验。现总结为以下15点。

第1个　大家在制作手链时，尽量选择光线充足的场所，或者准备一盏台灯，这样可以保证在制作手链时看清细小配件的孔道。

第2个　在使用尖嘴钳时要小心一些，因为很多配件都比较小，所以力道控制要慎重，千万不要用力过猛，这样很容易造成不必要的伤害。

第3个　在编织多个重复的结体时，建议用力要均匀，并且一次性编织完。如果停下一段时间后再继续编织，会很难找到上一次编织时的手感，使得结体不够匀称，并且影响手链的美观。

第4个　在使用弹力线时，可以直接绕手腕一圈，以测量所需弹力线的长度，再根据对折的次数来计算使用的长度。因为弹力线是有弹性的，所以不用预留太多的线，否则会造成线材的浪费。

第5个　平常在穿珠时，我一般使用串珠钢丝。串珠钢丝有着比串珠针更强的可塑性，它可以弯折，穿过各类弯曲的配件（如弯管等），可以被剪成各种长度，还能穿过线材，将粗线穿过孔道较小的珠子。由于串珠钢丝是软的，所以在穿太多的珠子或者比较大的珠子时会比串珠针费事一些。

第 6 个　串珠针与串珠钢丝的作用相同，都可以将线材引入珠子的孔道。串珠针有各种长度与大小的尺寸，大家可以根据需要来选择使用。串珠针的价格比串珠钢丝要高一些，但是在穿多圈手链与木珠手串时，会比串珠钢丝更加方便。

第 7 个　在使用连接圈时，可以将接口处夹得齐平，也可以夹成交叉状。接口齐平时，美观度会更高一些。但是如果连接了一些细小的配件（如细链条），那么接口处最好交叉。太细小的配件很容易从接口处滑出来，使手链断开。但是接口处交叉时，必须尽量夹至平滑，否则有可能刺到手。

第 8 个　如果连接圈连接了如玉线等编织线材，可以运用线头包住连接圈的接口。但如果连接圈连接的是弹力线，那么接口需尽量远离线材，因为弹力线外表非常光滑，用力拉扯时很容易从接口处滑出。

第 9 个　很少有专门的店铺或市集来销售齐全的手工饰品配件材料，所以建议去网上购买各种材料，只要在网上搜索各种关键字，即可跳出很多的链接。

第 10 个　在选择材料时，可以从销量、评论、详情页中的细节图、店铺关注的人数等方面来判断材料的好坏。如果店铺中的产品实用性较高，便会有很多人愿意做回头客而关注店铺。

第 11 个　如在淘宝网中输入关键字并点击"按销量排行"按钮，各类材料即可按销量进行排行。一般来说，销量较高的材料的质量都不会太差。

第 12 个　点击相应链接后，首先可以翻看主图，看外观是否符合自己的要求，然后翻看详情页，观察产品的细节是否光滑平整，并了解其材质，是否符合预期的设想。

第 13 个　在寻找材料时，有一些材料可能只有一家店铺独有，并且这种产品一般是不包邮的。此时可以在店铺中翻看是否有别的需要的材料，可以一起购买，以节省邮费。

第 14 个　在选择配件时，材质会有纯金、纯银、925 银，也有一般的合金。这些材质的饰品对于各种用于装饰的吊坠、珠子或者隔珠等来说比较小，不太合适。而对于点睛的配件来说，可以适当使用纯金、纯银。

第 15 个　如果是选择像连接圈、扣子、弯管等比较频繁拉扯或体积较大的配件，建议使用 925 银或者合金的材质。因为纯金、纯银的饰品硬度都不算太高，用纯金或纯银的饰品来作连接使用会比较容易变形，或者磕碰出印记。